The
Journey
of
Chinese
Plants

——

影響世界的
中國植物

《影響世界的中國植物》主創團隊　著

責任編輯	龍　田
書籍設計	道　轍

書　　名	影響世界的中國植物
著　　者	《影響世界的中國植物》主創團隊
出　　版	三聯書店（香港）有限公司
	香港北角英皇道 499 號北角工業大廈 20 樓
	Joint Publishing (H.K.) Co., Ltd.
	20/F., North Point Industrial Building,
	499 King's Road, North Point, Hong Kong
香港發行	香港聯合書刊物流有限公司
	香港新界荃灣德士古道 220-248 號 16 樓
印　　刷	陽光（彩美）印刷有限公司
	香港柴灣祥利街 7 號 11 樓 B15 室
版　　次	2021 年 5 月香港第一版第一次印刷
規　　格	大 32 開（140 × 210 mm）320 面
國際書號	ISBN 978-962-04-4826-3

© 2021 Joint Publishing (H.K.) Co., Ltd.

Published & Printed in Hong Kong

目錄
Contents

植物
天堂

在億萬年的光陰中，植物包容了眾多的生命，塑造了人類今天的家園。

在中國，已認知的植物有 35000 多種，佔世界植物總數的十分之一。這些來自億萬年前的生靈，仰山之高，倚水之長，織就著炎黃子孫繁衍的搖籃。

它們是一顆菽粟與一粒稻穀的偉力，它們是一片桑葉與一種昆蟲的相遇，它們是中國人的衣食住行，它們是東方的文化風骨。它們跨越時間和空間，用自己的生命延續萬千生命，也影響著世界的顏色和氣味。讓我們一起進入中國的植物世界。

神農架原始森林海拔超過 3000 米，位於湖北、陝西、四川三省的邊界，大巴山脈與秦嶺山脈交界地，是中國乃至東亞常綠闊葉林的典型分佈區，也是我國南部亞熱帶向北部溫帶過渡的地帶。生長在神農架原始森林的植物有 4000 多種，每小時釋放的氧氣量約等於 300 人一生的需求量。

1 月，神農架原始森林進入了全年最冷的時期。氣溫驟降，風雪來襲，一種勢不可當的自然力量把這裏變成了一個冰封的世界。

冰雪襲擊了生長在山頂的箭竹，它們承受著幾倍於自身重量的壓力；高山杜鵑花，不得不趕在風雪來臨前，就把葉子蜷縮起來；冷杉樹，緊密站立在一起，共同抵禦強風來襲。

當大地一片冷寂，萬物蟄伏的時候，在大山深處，一群藍臉的小家夥——金絲猴正在覓食。相比那些無法移動的植物，金絲猴憑藉靈活敏捷的身手，可以自由遷徙，但是，牠們依然要面對冬季食物匱乏的艱難。樹皮幾乎成為牠們唯一的食物來源，維持著金絲猴家族的生命，幫助牠們度過漫長的寒冬。寒冷對於生活在神農架的生靈而言並不陌生，但是要扛過數月的冰雪期，仍然是一場生死考驗。

但春天終將到來，萬物終會甦醒。

大山深處的金絲猴。

如果把地球的46億年濃縮為1天

　　我們的地球形成於 46 億年前，如果把這漫長的歷程濃縮為 1 天，那麼，我們人類在最後 3 分鐘才登場。在人類出現之前，中國大地經歷過怎樣的滄桑巨變呢？讓我們從一次時光旅行開啟植物天堂的故事。

　　地球的午夜，是在火山噴發中度過的；到了凌晨三四點，在海洋深處有了生命的跡象；清晨 6 點多，更加壯麗的生命樂章開始了：一種藍藻細菌，學會利用二氧化碳、水和陽光，製造生命所需的能量，同時釋放出了氧氣，這個被稱為光合作用的過程，為植物世界打開了大門。

藍藻細菌完成了光合作用的全過程，為植物世界打開了一扇門。

此時，中國的陸地也逐漸從海洋露出，形成島嶼。但在相當長的時間裏，陸地十分荒涼，沒有生機。島嶼上的岩石很堅硬，無法儲存水分，這便是當時陸地環境的寫照。

直到晚上 9 點多，也就是大約 4 億年前，一些矮小的生命開始征服陸地。它們用一種近似於根的構造，固定在岩石上。苔蘚是陸地上最早的拓荒者之一，它們死後的身體，形成了肥沃的土壤，讓更多的植物可以在這裏生存。從此，綠色成為植物天堂的底色。

隨著植物的登陸，陸地變得熱鬧起來。昆蟲以植物為食，是在植物天堂安家的第一批居民。

3 億年前，蜻蜓成為最早征服藍天的生物。

植物也嚮往藍天，為了不再匍匐地面，它們要學會站立起來。蕨類家族正是最早的成功者，其中的一個分支——杪欏，

陸地最早的拓荒者——苔蘚。苔蘚死後形成肥沃的土壤，讓更多植物得以生存，綠色便成為植物天堂的底色。

昆蟲以植物為食，是第一批在植物天堂安家的居民。

是中國現存最古老的植物之一。

　　讓蕨類家族站立起來的是貫穿身體內部的纖維組織，它能起到支撐身體並運輸營養物質的作用。這種被稱為維管束的結構，類似於人體的血管，藉助這一武器，植物便可以通過長高來競爭陽光。不同的身高，塑造了一個參差錯落的植物世界。

　　桫欏傳宗接代的秘密，就藏在葉子的背面。在整齊排列的球體中，有成百上千個負責繁衍的細胞，它們被稱為"孢子"。當孢子成熟時，便會陸續彈出，這是生命的重要一躍。但接下來，孢子必須找到水作為媒介，才能完成受精，成功繁衍。

桫欏：
桫欏科，桫欏屬。
中國現存最古老的植物之一，恐龍時代絕大多數的桫欏已經變成了地下的煤，只有極少數繁衍到今天。

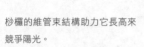

桫欏的維管束結構助力它長高來競爭陽光。

桫欏傳宗接代的秘密之一——孢子。

　　隨著中國的陸地不斷抬升，大陸框架初步形成，氣候越來越乾燥，水環境不斷減少，昔日廣闊的蕨類森林在植物天堂漸漸被取代。如何適應變化的環境，是植物不得不面對的問題。

　　水杉是從環境變化中存活下來的植物之一，它脫離了對水環境的依賴，這源於繁衍上的一次重要演化。水杉懸掛在枝頭的球果便是它的後代，它在孕育著整個種群的未來。從春天跨越到秋天，水杉的葉子變成紅色，球果也變了顏色，它已經成熟，即將離開母體。

　　黑暗被打破，迎來生命中的第一道光。

　　隨著球果開裂，新生命降臨，它們是進化史上最奇妙的發明——人類稱之為"種子"。種子是一株植物最乾燥的部分，此刻它正在休眠。外面堅硬的種皮起到保護作用，裏面有母親準備的豐富營養，將

水杉：

杉科，水杉屬。

伴隨它之後的路。種子被風帶走，離開母親的視線所及，飛向廣闊的天地。它會遇到惡劣的氣候、不利的環境，種子要忍受漫長的等待。

當遇到合適的環境，它便會甦醒、萌發。僅僅有幾毫克的種子，卻可以長成幾十米高的大樹，隨著種子的擴散，中國陸地上的森林越來越繁盛。

接下來，植物天堂將迎來一種更有效的繁衍策略。

一株生活在 1.45 億年前的植物，在漫長的時光旅行中乾涸，變成化石，被埋藏於中國遼寧省的地下。科學家在它的頂部發現了植物的重要器官——花，從此它便有了名字——"遼寧古果"。它是地球上迄今為止有確切證據的、最早的開花植物。它的子孫後代，今天已經成為植物天堂的主角。

球果。

遼寧古果：
迄今世界上最早的被子植物化石。圖片為復原圖。

一株九翅豆蔻，做好了繁衍的充足準備：攜帶精細胞的花粉，以及犒勞傳粉者的花蜜。蜜蜂成為第一個造訪者，牠對黃色有著天生的熱情，花瓣上的黃色斑紋引導著牠進入花的內部，而蜜蜂身上的茸毛，在採蜜時可以輕鬆地把花粉粘住，牠會把花粉帶給另一株九翅豆蔻，完成傳粉使命。花朵有時候要對更多昆蟲敞開懷抱，畢竟花粉的活力是有時限的。也難免有意外：一隻"偷獵者"用長長的口器，從花瓣外側刺入偷蜜，卻不想以傳粉作為交換。而花朵和昆蟲也正是在不斷地博弈中，才逐漸達成了互惠互利的合作。

　　伴隨花朵的綻放，已經存在於世 2 億多年的昆蟲，迎來了新的角色：作為主要傳粉者，龐大的昆蟲家族不斷擴張。和動物的協同進化，也塑造了開花植物的強大。它們是植物界中進化性、適應性最強的類群，今天中國有超過 3 萬種植物會開花，繽紛色彩蔓延到各個角落，一個更加壯美的植物天堂形成了。

九翅豆蔻：薑科，豆蔻屬。

離天空最近的植物

　　就在開花植物不斷繁盛的時候，中國的地理版圖也迎來了一場巨變。

　　大約 6500 萬年前，印度板塊和歐亞大陸板塊劇烈碰撞，一個新的高原開始隆起，它就是青藏高原，被稱為"世界屋脊"。

　　青藏高原平均海拔達 4000 米左右，擁有世界上最高的山脈——喜馬拉雅山，它也是中國面積最大的高原，佔中國陸地總面積的四分之一以上。青藏高原的出現，徹底改變了中國自然地理的樣貌。

　　隨著青藏高原的隆升，西高東低的三級階梯漸次形成，構成了今天中國的基本地理框架。縱橫交織的山脈、低緩的丘陵、廣闊的平原等複雜多樣的地貌格局，發源於青藏高原的黃河、長江貫通東流，在山川河流之間，形成了多樣的自然氣候條件，帶來中國植物物種的極大豐富，中國的植物版圖就此拉開了新的帷幕。

球花報春：

報春花科，報春花屬。

大花黃牡丹：
芍藥科，芍藥屬。

紫玉盤杜鵑：
杜鵑花科，杜鵑屬。

藏合歡：
豆科，合歡屬。

蝦脊蘭：
蘭科，蝦脊蘭屬。

中國已知的 3 萬多種植物，按照在陸地的自然分佈，幾乎囊括了地球上所有主要的植被類型。高原、荒漠、草原、森林，它們就像是植物天堂的不同王國，每個王國獨特的生態環境，決定著不同的植物分佈，呈現出迥異的面貌。

其中位於中國西南部的青藏高原區，是海拔最高的植物王國，那裏會有怎樣神奇的植物呢？

在青藏高原東南緣的橫斷山脈，海拔接近 5000 米，有一種特殊的地貌——流石灘，它形成於千萬年來強烈的寒凍風化，岩石不斷崩

橫斷山脈。

裂成碎石，滑落、堆積在山脊上。

看起來一片荒涼的流石灘，卻隱藏著生命的奇跡——植物扎根在碎石深處的稀薄土壤裏，從石縫中生長出來。流石灘物種間彼此遠離，它們以遺世獨立的姿態塑造著中國海拔最高的植物花園。

這片位於森林草甸和冰川之間的灰色地帶，也是生存條件最為惡劣的生態系統。流石灘全年平均溫度低於 0 ℃，半年以上被冰雪覆蓋，每年只有幾個月的時間迎來短暫的萬物復甦。

當溫暖濕潤的西南季風從印度洋颳來，青藏高原的夏季如期而

至，巨大的水汽化作降雨散落在流石灘上。雨水順著碎石的縫隙，滋潤著植物的根系。但是平均四五千米的海拔高度，即便在夏季，氣溫也隨時有可能降到零下，冰雨從天而降。

棉毛結構是雪兔子家族的共同特徵，這種結構不僅防寒，還可以抵禦過多的雨水。水母雪兔子被厚厚的棉毛覆蓋，讓自己有了保暖的外衣。它們也是分佈海拔最高的開花植物之一，在極端的環境下，它們用矮小的身體，走到了其他植物不曾到達的高度。

當積雲被風吹散，迎來一個晴天。溫度回升，花朵的機會來了。

苞葉雪蓮是雪兔子的近親，同為菊科風毛菊屬。它為自己的花設計了一個溫室，用半透明的苞片儲存陽光熱量，加速花的發育。溫室也為傳粉者而準備。熊蜂舒適地待在溫暖擋風的苞片裏，並且如願以償地獲取了美食，苞葉雪蓮的繁衍之路，也就完成了一半。

青藏高原嚴酷的環境，限制了傳粉昆蟲的多樣性，熊蜂幾乎成為這裏最重要的傳粉者。在植物分散生長的流石灘上，牠們要盡快找到特定物種的花朵，完成彼此間的合作。開花的季節很快就要結束了。而對於流石灘的植物來說，時間同樣寶貴。

雪兔子一生只有一次開花的機會。為了積蓄開花的力量，它們曾經在碎石之下蟄伏長達數年。而一旦開花，便進入了生命倒計時。這是一場生命的冒險之旅。氣溫持續下降，寒流就要來了。雪兔子裹著棉毛外衣，用最後的生命能

水母雪兔子：

菊科，風毛菊屬。

一片荒涼的流石灘隱藏著生命的奇跡。

氈毛雪蓮：
菊科，風毛菊屬。

苞葉雪蓮：
菊科，風毛菊屬。

量呵護著種子的成長。

　　流石灘迎來了第一場雪，大地進入了漫長的霜凍期。它們的種子已經散落在這片廣闊天地，等待著又一輪生命的冒險之旅。

　　在高原的隆起中，只有極少的物種能經受住考驗，在海拔 4000 米以上、接近雪線的地方生存下來，為了適應環境，它們大多具備抗寒、抗紫外線的能力，獨特的生存策略讓它們成為離天空最近的植物。

　　青藏高原進入秋季，高山的色彩更加豐富。高原牧場的動物準備離開這裏，它們要躲避嚴寒，往更溫暖的低海拔地區遷徙。

　　青藏高原並不都是高寒地帶，還有藏於雪山之下的另一個世界。那裏的物種畏懼寒冷，需要足夠的熱量才能生存，但依然可以在青藏高原找到棲息地。它們生活在海拔只有幾百米的喜馬拉雅山腳下，是印度洋暖濕氣流進入高原的第一站。植物們享受著充足的水分和熱量，擁有和高海拔植物截然不同的特性。

　　青藏高原是一個垂直分佈的植物王國，海拔由低到高，植物由多到少，從喜熱到耐寒。這是喜馬拉雅海拔的力量，也是植物多樣性極致的體現。

是雨林，
也是戰場

　　青藏高原的隆起，也影響著其他的植物王國。在中國西南邊境的
雲南省西雙版納，北邊有高原做屏障，擋住了寒流，南邊受到印度洋
西南季風的影響，形成了一片原始的熱帶雨林。這裏是植物自然分佈
最密集的地方，有約六分之一的中國植物棲息於此。

　　生活在雨林中的一隻甲蟲，在一片海芋的葉子上徘徊已久。牠準
備飽餐一頓，殊不知，這美餐背後卻隱藏著陷阱。

　　葉甲是一種非常敏感聰慧的小昆蟲，總是會出現在海芋葉的背
面，每天牠都有一個巨大的幾何圖畫工程，在海芋葉上畫圓圈，然後
把圈起來的葉片吃掉。為什麼牠不直接啃，而要畫圓吃掉圈中的葉
子呢？

　　海芋屬於雨林中非常典型的巨葉植物，葉子對於很多昆蟲來說，
是獲取能量的重要食源之一，而它的巨葉尤其醒目。在漫長的演化
中，海芋經受過來自很多昆蟲、動物的侵擾，為了防禦牠們，甚至演
化出了毒素。一旦葉片被咬，毒素就會沿著葉脈輸送，將取食者置於
死地。

　　森林真是個充滿危險的地方。

　　但葉甲怎麼沒有被毒到？因為魔高一尺，道高一丈。

葉甲與海芋葉的戰爭。

海芋葉。
海芋：天南星科，海芋屬。

當海芋感知到被啃食時，會從葉脈傳送毒素至啃食的位置，阻止昆蟲繼續啃食。但是葉甲利用這個時間，先用下顎切斷葉脈，破壞毒素傳導。咬一圈兒後，就待在圈中享用海芋的葉片。這麼多形狀，為何要選擇畫圈？因為幾何圖形中，在周長相等的情況下，圓是面積最大的圖形。還有一個可能的原因是，這麼做能 360 度全面阻隔海芋從葉脈傳輸毒素。

　　甲蟲獲得了鮮嫩多汁的美餐。在吃面前，物種進化的決心是驚人的。海芋的防禦戰，在這種小昆蟲面前徹底失效了。

虎舌蘭：
蘭科，虎舌蘭屬。

鑽喙蘭：
蘭科，鑽喙蘭屬。

這就是熱帶雨林，物種之間的競賽驅動了各自的演化，呈現出一個變化無常又異彩紛呈的世界。

當白天即將結束，一些植物開始收攏葉片。對光線變化的感知，控制著植物的生物鐘。進入夜晚，雨林逐漸熱鬧起來。一些昆蟲開始羽化，這是它們成年的標誌。在沒有冬季的雨林，物種生長與繁衍的時鐘被撥快了。它們必須抓緊時間完成綻放。

在西雙版納雨林有約 4000 種植物會開花，這無疑是一場視覺與味覺的競賽，每種植物都要有一技之長。

使君子：
使君子科，使君子屬。

梭果玉蕊：
玉蕊科，玉蕊屬。

箭根薯：
蒟蒻薯科，蒟蒻薯屬。

望天樹：

龍腦香科，柳安屬。

寄生者對寄主的絞殺。

雨林迎來了新的一天，在整片雨林中第一個享受到陽光的植物是一棵高達 80 米、接近 25 層樓高的望天樹。獲得更充分的光合作用，意味著可以獲取更多能量，這讓望天樹成為雨林中最有優勢的樹種之一。

　　當陽光從密閉的樹冠中滲透下來，整片森林被激活了。熱帶地區充足的光能，塑造了雨林超高的物種密度，但也讓生存空間成為最稀缺的資源，為爭奪一隅之地，每個物種都要投入戰鬥。

　　最富有生機的雨林王國，也是最殘酷的戰場。

　　一棵大樹已經進入了生命倒計時，殺手是寄生在它身上的另一種植物——錐葉榕。它的種子曾默默地扎根在這棵大樹上，獲取養分，壯大自己。現在，它已經足夠強大——它的武器是氣生根，一種可以從空中下垂生長的特殊根系。它一邊生長一邊纏繞寄主，一旦和地面接觸便會形成獨立根系，阻斷寄主的養分傳輸，這是雨林特有的絞殺現象。隨著絞殺加劇，寄生者更加強大，寄主日漸衰弱，被其他動植物和真菌進一步侵蝕，加速了它的死亡。最終，只剩下絞殺者獨自生存。

　　在西雙版納，榕樹是唯一有絞殺能力的植物。對於弱者，錐葉榕是殺手，是死神，而對於整個雨林，它們是加速更新的關鍵力量。在它們縱橫交錯的結構上，儲存了雨水和泥土，又成為其他附生植物的溫床，形成了一片空中花園。在擁擠的雨林，植物們釋放著大量氧氣，維持著大氣中的碳氧平衡，被稱為地球之肺。

　　與西雙版納相似的雨林景象，還分佈在中國的海南省、台灣省南部和藏東南的局部。

梭梭：風沙帶不走的「衛士」

新疆地處中國的乾旱區，在強風的不斷侵蝕下，形成了特殊的雅丹地貌。

溝壑之間的土丘，是地質變遷遺留下的產物。幾千萬年前，這裏曾是一片濕地，豐沛的水量和濕潤的氣候造就了一片繁盛的森林。青藏高原的隆起，阻擋了來自東南方向的暖濕氣流，氣候變得乾旱，改變了中國西北地區的樣貌。大片森林消失，黃沙取代了濕地，堆積成了沙漠。

位於新疆維吾爾自治區北部的古爾班通古特沙漠是中國境內離海洋最遙遠的地方。水成為沙漠最稀缺的資源，但這

雅丹地貌。

新疆，古爾班通古特沙漠。

裏卻並非生命的禁區。在這片將近 5 萬平方公里的沙海中散落著 100
多種植物。

耐旱植物梭梭便是其中之一。

為了適應乾旱的環境，梭梭利用纖細的嫩枝代替了葉片進行光合
作用，在獲取陽光能量的同時，還減少了水分的蒸發。到了秋天，梭
梭開始放緩生命的節奏，為迎接寒冷的冬季做準備。

起風了，風幫助荒漠植物傳播花粉和種子，但是也將一些植物推
向了死亡邊緣。

　　一棵樹齡幾十年的老梭梭，風帶走了它腳下的沙，將它的根裸露在外。長達十幾米的根，曾經深入地下尋找生命之水，現在它已經乾枯了。它身體上的每一道裂痕，是與風沙長期博弈留下的印記。每一株梭梭，發達的根系可以固定 10 平方米以上的土地，當它們連成片時就可以阻擋風沙，牽制沙丘的流動。但在沙漠深處的植物是孤獨的。老梭梭放棄對枝條的水分輸送，讓它們枯死。它要把需求降到最低，把所有的營養和水分都留給根系。只要根還活著，它就仍有機會。只需一點水分，就能再次恢復活力。

這樣的生命力貫穿梭梭的一生。當它還是一粒種子時，土壤裏微乎其微的水分就可以讓它在幾小時內迅速萌發，它渴望水，卻不過多索取。

　　無論是如何貧瘠的環境，荒漠植物都可以從土地中汲取養分，讓自己生存下來。

　　中國西北地區以沙漠和戈壁為主的荒漠地帶，佔中國陸地面積的八分之一左右，這裏生活著幾百種荒漠植物，它們用極強的抗旱能力，守護著荒漠王國，維持著自然和生態的平衡。

梭梭：
藜科，梭梭屬。
梭梭樹用嫩枝代替葉片進行光合作用，有“沙漠植被之王”“沙漠衛士”的美譽。

梭梭種子的萌發。

　　從荒漠王國往東是溫帶草原區，氣候在半乾旱和半濕潤之間，草本植物和少數灌木成為這裏的主角。而中國的東部季風區，從北到南，溫度逐漸升高，降雨遞增，形成了截然不同的森林類型。

　　其中位於北緯 30 度左右的區域，是中國極其特殊的亞熱帶常綠闊葉林。

　　它的獨特在於，世界同緯度地區幾乎都是荒漠或草原，在中國卻出現了一片植被茂盛的森林。這依然得益於青藏高原的隆起，它改變了亞洲的大氣環流，加劇了來自太平洋的東南季風，從此亞熱帶季風氣候在這一區域出現了，原本的荒漠地帶變成了鬱鬱蔥蔥的植物王國。

　　有一種極其特殊的植物就生長在這裏——珙桐，它將一部分綠葉演化成苞片，隨著花序成熟，苞片從嫩綠色逐漸變成黃白色。白色的苞片隨風飛舞，等待著過往的昆蟲為它駐足。西方植物學家稱它為"中國鴿子花"，將它引種到西方園林，而它引起世界的關注不僅因為美麗的花形，還因為它獨特的身世。

　　珙桐是古老的開花植物，祖先曾遍佈北半球，直到 200 多萬年前，地球開始大幅度降溫，全球有三分之一的大陸被冰雪覆蓋，地球

珙桐：

藍果樹科，珙桐屬。

珙桐美麗的白色苞片，吸引了昆蟲為它傳粉，也引起了人類對它的關注和喜愛。西方植物學家稱它為“中國鴿子花”。

四季寒徹，大片森林消失，大量生物死亡甚至滅絕。這次全球降溫，被稱為第四紀冰期。

當冰期降臨，中國複雜的地形、險峻的高山，抵擋了北方大陸冰蓋的破壞，成為眾多古老生物的避難所。當冰期結束，天氣開始回暖，地球的春天來了。

珙桐在中國倖存了下來，延續著種群的古老基因。

除了珙桐之外，很多植物曾廣泛分佈在全球，現今已大為衰退，只在很小的區域得以倖存，它們被稱為孑遺植物，是極其珍貴的活化石，其中有幾百種留存在中國。

第四紀冰期部分得以倖存的孑遺植物。

鵝掌楸：
木蘭科，鵝掌楸屬。

金花茶：
山茶科，山茶屬。

銀杏：
銀杏科，銀杏屬。

蘇鐵：
蘇鐵科，蘇鐵屬。

水杉：
杉科，水杉屬。

桫欏：
桫欏科，桫欏屬。

第四紀冰期也給中國大地帶來了一個重要影響。乾冷氣候讓來自西北的沙塵不斷沉積在黃河中游，形成了平均厚度達 80 米的黃土高原。在這裏，植物與一個新物種——人類，相遇了。

　　大約在 1 萬年前，生命力頑強的野草，走進了我們祖先的生活。經過上千年的馴化，誕生了一種糧食作物——稷，也就是食用的黃米和小米。和它的祖先一樣，稷耐旱的特性，使它可以在北方地區被大量種植。黃色的土地給予它生命，奔騰而過的黃河澆灌著它，被人類馴化的野草，結出了金黃色的穗子。在幾千年中，它是北方最重要的食物來源。

中國長江流域的稻作農業。

幾乎是同一時期，水稻的馴化發生在中國南方的長江流域。與乾旱的北方不同，這裏溫暖濕潤，依水發展起來的稻作農業逐漸形成並擴大。在中國大地上，兩種不同的農業種植模式出現了。

　　從肆意生長的植物到被馴化管理的作物，人類和植物，彼此改變了命運。人類的生活節奏跟隨著被馴化的作物，嚴格地按照時令耕地、播種、收割，從此告別了狩獵的流浪。人類，因植物而定居。植物，隨人類腳步而遷徙。在這片大地上，他們再也沒有分開過。

　　從那以後，一批批植物逐漸向我們的祖先走來：

　　8000 年前，大豆用一粒種子，飽滿了無數生命；

　　7000 年前，桑樹走來，成就了未來的絲綢之路；

　　4000 年前，桃樹、柑橘用果實，豐富著人們的味蕾；

　　2000 年前，茶樹走出森林，用一片樹葉滋養萬千生靈……

　　從衣食到住行，從藥用到審美，一個豐富的植物天堂孕育並陪伴了一個文明的誕生。

　　這個植物的天堂，不僅塑造著中國，也在影響著世界。曾經是，未來還是……

稻米之旅

在中國已知的 35000 多種植物中，這種草
外形並不搶眼。在 1 萬多年前，這種草成
為人類的朋友。在今天，它的後代帶著嶄新
的樣貌走遍了全球。

站在 1 萬多年時光的兩端，它們彼此瞭
望，形態迥異，卻又分享著太多共同的
基因。

如果它們和人們一樣，是否會思考這樣的問
題：我們從哪裏來，我們要到哪裏去？

每個生命的幼體，都會受到自己種群最好的照料，因為它們承載著種群的未來。

人類的嬰兒在準備脫離母乳，開始品嚐人類的多樣美食之前，需要讓腸胃逐漸適應飲食上的改變。由稻米加工而成的嬰兒米粉，是一種被廣泛認可的嬰兒輔食。稻米營養豐富、成分溫和，在全球範圍內，為人類的嬰兒打開了飲食的大門。

稻米是人類使用的稱呼，對於水稻來說，它們是稻種，是自己的孩子，是傳承的希望。

溫潤的水被種子吸收，種子中的生命慾望被觸發。嫩芽掙脫種皮的束縛，探了出來，生命的輪迴就此開啟。

生命初期的水稻，完全依賴稻種中的能量生存。它必須在這些能量耗盡之前，長出足夠的葉片。

幾天之後，這些稚嫩的小生命還只有幾厘米長，卻已經有了用來吸水的根，有了用來進行光合作用轉換能量的葉片。它們已經是獨立的新生命了，種子也完成了它傳承的使命。

1萬多年前，這些水稻的祖先在人們眼中還是一種草。如今，它被人們稱為野生稻。在自然界中，植物為了傳承後代傾盡一切。野生

稻米。

稻的種子在成熟時會變成低調的褐黑色。一旦成熟，種子會在最短的時間內脫落，埋身於泥土裏，躲避動物垂涎的目光。除了躲避，野生稻的種子還會戰鬥。種子前端長長的芒刺彷彿在威脅著要刺破偷食者的喉嚨。這些芒刺上還有倒鈎，讓它有可能鈎住過往的動物，去向遠方。

普通野生稻：禾本科。

野生稻種子前端的芒刺。

水稻。

這是野生稻繁衍後代的本能，也是它們主動擴張的野心。

　　也正是這樣，1萬多年前，它鈎住了人，迎來了與人共舞的序曲，變成了人們熟悉的栽培稻。

　　現代的栽培稻，因為人類的需求，種子不再長芒刺，不再主動脫落，而是等待人們收割。站在水稻自身的角度，它的種子被置於危險之中，需要依賴人類的保護。而恰恰是栽培稻對人的依賴開啟了它與人合作的旅程。在人類眼中，它們不再是草，它們真正成為稻，成為自己的夥伴，可以攜手離開熟悉的環境一起去冒險。

水稻：

禾本科，稻亞科，稻屬，稻種。

高山 從沼澤走向

水稻想離開故土，並沒有這麼容易。沼澤地是一個特殊的環境，過剩的水資源會淹沒植物的根部，致使根部缺氧，甚至腐爛。

野生稻恰恰是少數能夠適應沼澤地環境的植物，在淹水環境中生長了千萬年之後，沼澤地造就了它對水的依賴。水稻對水的依賴，使得它無法輕易跟隨人類遷徙。要想帶著水稻一起走，人類需要帶上水稻的整片家園。

朱䴉是國家一級保護動物，這些喜愛在濕地生活的鳥類，被稻田中乾淨的水源吸引，也在水田旁安了家。

朱䴉：國家一級保護動物，喜愛在濕地生活。

6000 多年前，水田開始出現在廣袤的中華大地上。每年，在水稻生長的 100 多天的時間內，大面積的土地被人們用活水灌溉，成了水稻專屬的家園。

有了水田，水稻得以隨著人類一起遷徙。水田成為人和水稻遷徙的足跡，這個足跡幾乎遍佈全世界。在意大利，人們修建了運河，將波河的水引入大片的稻田。包括在非洲的馬達加斯加，也有水田的足跡。從中國出發，水稻已經在全球的 113 個國家扎根，水田也改變了那裏大地的容顏。

在 1300 多年前，盛唐時期，有一些從北方南下的民族遷徙到了如今中國的雲南境內。他們無力與當地人爭奪低窪河谷中珍貴的淡水資源，要想活下去，他們只有一條路——征服高山。人能夠靠雙腿走上大山之巔，但是水稻要如何應對高山上的生命挑戰呢？

能在這裏存活下來的每一種植物，都在上億年的演化中，找到了生存的技巧。根深，探尋土壤中的每一絲水分。葉茂，接收每一線光源。寄生，依附於強大的樹木。而水稻又能依靠什麼呢？

非洲馬達加斯加的水田。

梯田。

當人類決定帶著水稻走上高山的時候，就知道自己面對的巨大挑戰。他們需要在沒有河流的大山之巔找到灌溉水田所需要的大量水源。直到今天，這裏的人們依然感恩大山的收留。每年種植水稻之前，他們都會將自己的感恩唱給樹林聽。因為在他們樸素的觀念中，樹林與水之間有著某種神秘的聯繫。

　　其實，透過科學的認知，人們發現，水源的秘密藏在大自然的運作規律中。

　　水霧脫離重力的束縛，將水資源搬上了高山，植物給了水霧落腳的理由。

　　人們用最原始的方法修建水溝，匯聚和分配樹林中流出的珍貴水源。在 1000 多年的時光中，這裏的人們修建了 4000 多條水溝。有了這樣的勞作，他們才能在高山之上模擬沼澤地，為水稻打造出空中家園。人類將傾斜的山體改造成由無數小塊平面組成的階梯，水流在每一級階梯上駐留的同時，形成了稻田。正是踩著這些階梯，水稻走了上來。

　　梯田是一個生態系統，在自然的水循環體系中，人類將水稻和它的家園嵌入了進去。

　　如果沒有森林草木涵養水源，這種生態系統就無法持續運轉。這些樹林，依舊佔據著山區 75% 以上的面積。大自然讓出了一點空間，收留了人和水稻。人的節制和感恩，維護了整個生態系統的健康運行。在這片家園中，人們付出勞作，也祈禱大自然的收留和水稻的饋贈。農耕文明中人與植物的關係，不是剝削與索取，而是與天地共存，與萬物共生。

稻田世界裏的強大對手

在發芽的 30 多天後，水稻從幼苗長成茁壯的 "少年"，它們開始感到擁擠。然而，目前秧田中的空間已經被瓜分乾淨，無法想象更多的莖稈、葉片生長出來後的情景，彷彿一場慘烈的競爭即將開始⋯⋯

好在經過幾千年的相處，人們已經掌握水稻此時的需求，人們按照成年水稻所需要的空間，將幼苗以一定的間隔移栽，這就是插秧。

插秧，對人來說是辛苦付出，對於水稻生命來說，則是一次冒險。準備啟程的稻苗被泡在水中抓緊補充水分，這對它們至關重要。

插秧。

稻田。

此時的葉片還不知道自己的根已經離開了水源，依然在進行著光合作用，也在持續消耗著水分。

生命的倒計時開始了。

山路陡峭，離這些稻苗的新家還很遠。跑起來，再快一點。澆一點水，希望水稻堅持得久一些。

烈日下堅持的回報就是寬敞的新家，經歷了險境的水稻重新回到水中，享受舒展的新生活。

1個月左右的時間內，稻田中的空間幾乎被水稻植株填滿，彷彿是一片片水稻的王國。但是，看似安逸的稻田中，其實危機四伏，宿命的敵人以新的面貌出現了。

稗草和水稻的祖先野生稻一樣，都曾經只是人們眼中的雜草。直到野生稻與人類相遇，成為人類的寵兒，稗草則成了人們眼中的敵人。人們在稻田中進行除草，就是要消滅這些被定義成敵人的植物，為水稻的生命掃清一切障礙。然而，稗草並未放棄。

在戰爭中，比頑強的敵人更可怕的是那些"看不見的敵人"。

稗草通過偽裝，變得和水稻幾乎一模一樣。這種現象在生物學中叫擬態。模擬了水稻模樣的稗草，明目張膽地登堂入室，搶佔水稻的生存資源。只有水稻特有的葉耳，稗草還未模仿成功。

稗草。

但是在茫茫的稻田中，這種偽裝已經堪稱完美。

而這一切，其實有人類的功勞⋯⋯

人們年復一年地努力除草，試圖將稗草從稻田中清除。為了生存，稗草必須不斷地演化，有一些稗草在生長期，變得與水稻外形相似，幸運地躲過了人們的清理。直到接近成熟，它們才拋棄偽裝，以本來面貌示人。但是，在人們拔除它們之前，它已經將種子播撒了出去。

適者生存，在稻田的世界中，人類選擇代替了自然選擇，反而篩選出了更強大的對手。

人和水稻，不僅有共同的敵人，也有共同的期待。

一株水稻，在春天萌發，在冬天來臨之前就會完成生命的輪迴。進入盛夏，它沒有時間享受夏日的慵懶。傳承的壓力，已經初見端倪。

在水稻發芽的 70 天左右，水稻的莖稈中有一種力量開始蠢蠢欲動。迫不及待掙脫莖稈束縛的是稻穗，稻穗上密密麻麻排佈著的是穎殼，這些穎殼不到 1 厘米長，它們即將成為生命孕育的舞台。

穎殼。

中午前後的高溫高濕，拉開了生命傳承的序幕。穎殼從中間裂開，水稻開花了。這些不到 1 厘米長的花朵，是人們與水稻生命延續的希望。

穎殼內微小的空間裏，伸出了 6 個花藥，花藥中擠滿了花粉。它們是水稻精子的載體，必須盡快找到卵細胞。這時，在穎殼的底部，不及芝麻大小的柱頭也伸了出來。柱頭極力張開，期盼花粉的到來。

花藥破開，花粉必須抓緊行動。柱頭微小，花粉很容易錯過它，在 1 個小時之內，花藥就會墜落到柱頭的下方。一旦錯過，幾乎再無機會。

當然，水稻沒有把所有的希望都寄託在運氣上。它竭盡全力，為每一個穎殼提供了 12000 粒左右的花粉，用來提高成功的概率。

稻花花藥。

好在一個柱頭只需要一粒花粉。受精成功，這朵稻花就可以安心孕育了。

千萬年來，在沒有昆蟲幫助傳粉的環境中，水稻就這樣用自己的花粉給自己受精，保證了種群的繁衍。這樣繁衍後代的植物，被人們稱作自花授粉植物。然而，即使有這樣的機制，在面對大自然萬千的變化時，水稻也有感到絕望的時候。

有時，稻花的花藥剛剛探出頭來，6個花藥卻飄在空中，沒有下墜的跡象。就像是一個來自大自然的殘酷玩笑，它的花藥中沒有花粉。作為自花授粉植物，一粒花粉也沒有，也就沒有了生命繁衍的可能。出於本能，它還是開了花；出於本能，它還是開始了等待……其實，在等待的不只是它，這裏有著整片的沒有花粉的水稻。它們都在等待著，堅持著……

風來了，風中含有大量的活性花粉。這些花粉是從哪裏來的呢？

鑲嵌種植在大面積沒有花粉的不育水稻中間的，是一排一排正常的水稻。無人機產生的風力，將正常水稻的花粉吹散開來，送給不育水稻。這一大片稻田中正在進行的，就是譽滿天下的雜交水稻製種。

水稻雜交，能夠結合不同水稻的優勢基因。但是在自然環境中，這只有萬分之一的概率會發生。比起命運，人們更相信創造力。20世紀60年代，以袁隆平為代表的中國水稻專家，在全國範圍內搜尋，終於在海南找到了一株天然不育的野生稻。如今，不育水稻提供卵子，可育水稻提供精子，才有了雜交水稻的成功。

從中國走出的雜交水稻技術，如今已經在全球40多個國家落地生根，為地球上不斷增加的人口守護糧食安全的底線。水稻安靜的生命裏，隱藏著人們自我救贖的道路，花開花落間孕育了彼此的新生。

授粉之後的水稻，將開啟它生命的最後一段里程。在這個季節，水稻開始面對生命中越來越多的離別。

最先開始退場的是葉片。從底部開始，葉片漸漸停止工作，開始變得枯黃。第 13 或第 14 片葉子，次第退出，為植株節省能量。

只有最上面的幾片葉子依舊挺立。這些葉子光合作用產生的葡萄糖被源源不斷地輸送到授粉後的稻穗中。這些葡萄糖在穎殼中被壓縮成澱粉儲藏起來，為種子的休眠和萌發期儲存能量。

大約 45 天的時間，稻穗上的上百個穎殼逐漸被澱粉充滿，就像是母親給遠行的孩子準備的行囊。

整個植株，從稻穗到葉片，再到莖稈都變得枯黃。它將所有的能量都給了種子。寒冬將至，它也許無法抵禦風雪的摧殘，只希望來年春暖花開之時，種子能給自己的生命一個新的開始。

利用無人機產生的風力將正常水稻的花粉吹向不育水稻。

稻種的命運，由不得它自己做主。豐收是對人們一年辛勞的回報。對於水稻來說，卻是生命的謝幕。

　　收割後的稻田再無人問津，留下了稻茬獨自枯萎。整齊地誕生，整齊地綻放，整齊地迎接死亡。水稻的生命被人類擺佈和掌控，但是，生命又是無法被完全掌握的。

　　乾枯的稻茬上會冒出新的生機。人們收割走的是它們的種子，不是它們生存的慾望。

　　這些稚嫩的再生稻苗，在即將到來的冬季中沒有太多存活的概率。但向死而生，這是水稻脆弱的生命中隱藏的剛強。或許有個不太冷的冬天，它能有機會繼續生命的下一個輪迴。

稻作文明
托起的美味

　　水稻的種子在被人類收割後，絕大部分沒有像它們的祖先那樣，在土壤中等待萌發，而是脫去外殼變成稻米，開啟了新的旅程。

　　稻米中含有豐富的碳水化合物和蛋白質，這些營養在水中熟化之後，走進了人類的飲食，成為人類重要的能量來源。稻米除了直接補充人體所需的能量之外，經過時間的雕琢，還能以不同的形式刺激人類的味蕾。

　　貴州月亮山山區內，侗族人至今都在進行一種古老的操作。他們將稻米和魚肉放在一起，用稻米發酵形成的乳酸醃製魚肉。3 個月的時間，魚肉被稻米賦予了新的風味。稻米發酵可以延長魚肉可食用時間的秘密，也伴隨水稻的傳播，成為很多稻作文明共同的文化。

　　在水稻傳入日本之前，日本列島上人們的食物多來自打魚和狩獵。如今的日本人，仍然保持著一種古老的魚肉食用方式。和貴州侗族的先人們一樣，日本人也傳承了稻米醃製魚肉的方式，來延長魚肉的保質期，同時享受稻米賦予魚肉的特殊酸味。這種魚肉，在日本被稱為熟壽司。

　　隨著時間的流逝，稻米在日本人的飲食中逐漸找到了自己的位置。現代壽司是由熟壽司演變而成的，以手蘸醋，再抓握米飯，將醋的酸味帶入飯團中。這其中，醋的使用就是長久以來食用熟壽司帶給日本人獨特的口味偏好。

　　現代壽司中，新鮮的稻米托起魚蝦，平分秋色，相互映襯。稻作文明和海洋文明，在小小的壽司上完美融合。

貴州月亮山的侗族人延續著用稻米混合辣椒醃製魚肉的習俗。

稻米以不同的形態為不同地區的人提供維持生命的能量。同時，稻米帶領著水稻，在世界上不同的地域生根，水稻適應了高山、深水和鹽鹼地等特殊環境。據說在世界範圍內，人類培育的栽培水稻品種已經超過 14 萬種。然而，這真的是水稻最嚮往的生活嗎？

原本應該整齊劃一的稻田，卻變得斑駁不一。

這些和栽培稻相似的植物，比水稻更高大、粗壯。這樣的現象在全球範圍的稻田裏普遍存在，這些水稻的一些特性有悖於人類需求，水稻與人類糧食安全的關聯太過緊密，科學家開始介入了。科學家們發現，它們是栽培水稻突變出的變種，他們給這些水稻的變種起名為雜草稻。這種變異，使得栽培稻的習性變得向野生稻靠攏，這種情況是栽培稻對環境變化做出的反應。

雜草稻的種子與普通的水稻種子非常相似，但已有了不少叛逆的性格。有些雜草稻的種子前端還長出了芒刺，像野生稻一樣，它是想要保護自己的種子不被偷食。

風一吹，雜草稻的種子就會脫落，掉入稻田中隱藏起來，躲避潛在的危險，等待來年最好的萌發時間。雜草稻種子的每一個特性，恰恰成為人類無法接受雜草稻的理由。

雜草稻長出的芒刺。

雜草稻的變化，其實是植物演化的一種表現，是水稻還處在野生稻時期就一直會做的努力。植物演化的方向並不固定，就像野生稻的生長狀態看起來雜亂無章、無可預測，但是在不同方向演化的目的都是明確的，就是為了應付各種可能的災害。

雜草稻的嘗試，在人類眼中是不服管理的叛逆，但對於整個水稻種群的繁衍和生存來說，它們是敢於探索新道路的先驅，是敢於犧牲自我的勇士。

從野生稻到雜草稻，它們的變化是植物生生不息努力的結果。

"野生稻守望者" 饒開喜，20 多年前在江西東鄉發現野生稻之後，就一直守在那裏。為了防止動物和人破壞逐漸縮小的沼澤地，人們在野生稻周圍修建了圍牆。

野生稻中隱藏的生命秘密，我們現在還無法完全破解。保護它，就是給野生稻拓展生命邊界的自由，也是給未來人類持續探索保留火種。

人與水稻的故事，從草開始，又回到草的生命中探索未來。一粒稻種進入土壤中，幾個月內就能夠長出數個稻穗，成百上千粒稻米。它的每一次輪迴，都給了人類千倍的回報。每一碗米飯背後，都是探索不盡的生命奇跡。

第三章

茶之
征途

森林養育了眾多樹木，有這樣一片森林，
因為孕育了一種樹木而被人們銘記。這種
樹在密林中看似普通，它開白色小花，四
季常綠。它沒有甘甜的果實，卻牽動全球
60 多個國家的經濟，影響著 30 多億人的
生活，它的名字是茶樹。

在中國西南部，喜馬拉雅山東麓，每年從印度洋吹來的季風，帶給這片地區豐沛的雨水。億萬年前這裏就是植物的發源地，在巍峨綿延的山脈庇佑下，這片區域躲過了冰川世紀寒流的直接襲擊，眾多上古植物倖免於難，茶樹就在其中。

茶樹：山茶科，山茶屬。

植物生長的天堂，同樣也是生存的競技場。植物生長於此是天賜良機，卻也要拚盡全力。茶樹家族經歷過磨難，即使到現在，對於個體來說，要生存下去，依然是困難重重。

森林中的小茶苗剛踏出第一步，頂開了厚厚的枯葉層，長出兩片新葉，它的身高尚不足 10 厘米，距離這片森林的頂層還有 30 米的高度。陽光成了此時最迫切的需求，而天空被冠層所覆蓋，僅留下空隙允許陽光穿越，層層枝葉摻雜其中，留給地面植物的陽光零散稀少。要在這裏存活下去，長高是唯一的辦法。

為此，茶樹首先生長出發達的根系，雖然地上部分還纖細瘦弱，但是它的根部早已向下長出兩倍，主根負責向下開闢新領域，隨後側根向四周伸出觸角，根部探入更深的土壤汲取營養，以支持地上部分根系生長。成年的茶樹，地下埋藏的更是一個縱橫交錯的王國。

6 月，季風帶來了豐沛的雨水，森林裏的植物沐浴在潑灑的雨水中煥發生機。這本是好事，但問題是時間。亞熱帶季風氣候讓這裏的雨季常常達半年之久，這對

小綠葉蟬。

植物來說變得難以承受，如果長期浸泡在水中，根部將會潰敗腐爛。茶樹們早為這一切做好準備，秘密就在土地上。茶樹選擇的家往往在斜坡上，這讓過多的雨水順著斜坡流走，樹根便能夠安然度過漫長的雨季。

樹的成長是緩慢的，茶樹在森林裏用幾十年的時間去適應森林的氣候，才成長為"少年"。它有了較為強壯的身體，有了更多的葉子去捕捉森林裏散落的陽光，以此合成生長的能量，這些葉子是茶樹的引擎。

此時，保護樹葉成了頭號任務。有一種叫作茶小綠葉蟬的昆蟲，俗稱浮塵子、葉跳蟲等，牠們長期依賴茶葉為生，演化出用於偽裝的茶葉綠色，這種昆蟲讓茶葉岌岌可危。小綠葉蟬體形甚小，只有 3~5 毫米，看起來不足為懼。但是當牠的針狀口器刺入茶葉吸食裏面的汁液時，茶葉細胞組織就會遭到破壞，茶葉變得枯萎捲曲，失去光合作用的能力。而且小綠葉蟬的繁殖速度極快，幾乎每個月能繁殖一代，成群結隊地對茶葉進行破壞。

面對小綠葉蟬的大舉進攻，茶樹有自己的應對之策。當小綠葉蟬的口腔分泌物接觸到茶葉時，一套古老的反應機制馬上啟動，茶葉體內釋放出幾種特殊氣味的信息素，這種氣味能夠通知一個茶樹的幫手——獵蛛。獵蛛聞訊趕到，捕捉獵物，牠是小

小綠葉蟬的天敵——獵蛛。

綠葉蟬的天敵。

然而，僅靠信息素，茶樹能夠抵禦像小綠葉蟬這種特定的天敵，卻無法抵抗自然界中無處不在的破壞性細菌與真菌。這些"清道夫"無孔不入，如果茶葉受到真菌感染，樹葉就會凋落，茶樹將失去生長的動力，直至死亡。為了對抗這些虎視眈眈的敵人，茶樹演化出獨特的化學防衛機制，隱藏在茶葉中的咖啡鹼和茶多酚等物質，具有殺菌作用，能夠抵禦有害細菌。這些物質像一層隱形的屏障，保護著茶樹，使它遠離毀滅性災害。

當茶樹順利成年，當年那株毫不起眼的茶苗，一躍成為這片森林的主人之一。有的茶樹胸圍可以超過 3 米，高度達 25 米，是茶樹家族中的巨人。它擺脫了底層的陰暗，森林的高層讓它擁有了足夠的陽光。但是，直射的陽光會灼傷葉子，它謹慎地控制自己的身高，與森林的頂層保持著合適的距離。茶樹做出種種努力，其最終目的是將種族延續下去。

種子承載了茶樹的所有期望。但茶樹的果實成熟時間漫長，需要 1 年半左右，如此長的孕育期，使果實還未成熟，花朵就又一度開放，花與果同掛枝頭，像"帶子懷胎"一樣。等到褐色果皮裂開，種子縱身躍向大地，靜靜等待時機，再次破土而出。

在年復一年的循環中，以最初的茶樹為中心，茶樹完成了群落的建立，安居於森林之中。但如果僅此而已，茶樹也許只能坐落在這世

茶花，花與果同掛枝頭。

茶樹果實。

猴子採茶，為人類與茶的相遇帶來了可能性。

界的一角，而不會以葉子的形式征服地球。

直到它遇到人類，征程的序幕才得以拉開。

茶樹與人類可能有無數次擦肩而過，而第一次的真正相遇，或許與森林裏的哺乳動物有關。有一種猜測認為，人類曾看見猴子採食這種樹葉，於是模仿著以這種葉子為食。

我們已經無法回到千萬年前的那次相遇，但是仍然能從一些古老民族的生活中得到啟發。雲南西雙版納的基諾族，被稱為"吃茶的民族"，這裏也是茶樹起源的中心地帶，沿襲著一種"涼拌茶"的飲食習慣。

在勞作休息間隙，基諾族人利用茶園周圍的可用食材，為自己補充能量，能振奮精神的茶葉自然成了食材的一種。基諾族人是採集植物的高手，能找到的食材達到四五十種。他們將這些食材放在竹筒中舂碎，在其他香料的輔佐下，茶葉變得美味可口。這是人類在探索茶葉的使用方法時做出的嘗試之一。

傳說，神農嘗百草發掘了茶葉的藥性，自此茶葉也被作為藥物廣泛使用。食材之外又是一味藥材，需求的增加促使馴化隨之而來。

在雲南省鳳慶縣的香竹箐生長著一棵茶樹，樹冠龐大錦簇，被當地人們稱作"錦繡茶祖"。它是早期人工栽培型茶樹的代表。"錦繡茶祖"仍然保持著喬木樹形，高逾 10 米，長年享有充沛的陽光使其葉片能充分生長而變得碩大。但相比野生型，"錦繡茶祖"已顯現出人為矮化的痕跡。

最初，茶樹傳播區域在熱帶森林不遠的地方，當氣候向溫帶過渡，熱量和水分減少，喬木茶樹難以適應而被淘汰，只有那些小型喬

雲南省基諾族的"涼拌茶"。

神農壇。

"錦繡茶祖"，早期人工栽培型茶樹的代表。

木能夠適應新的環境而生存下來。

隨著人類活動範圍的進一步擴大，可以將茶籽帶到幾千里之外的區域。清朝年間編纂的《四川通志》裏有人工種植茶樹的最早文字記載，西漢吳理真在四川蒙頂山手植 7 棵茶樹，後世稱其為"蒙頂茶祖"。但是此時，茶樹發生了巨大的改變。高不盈尺，葉片細長，這與森林中的野生大茶樹相去甚遠。

這是茶樹為了適應溫帶環境，出土就開始分枝，丟棄主幹變成不足 1 米的低矮灌木。它縮小葉片，並在最脆弱的頂芽上生出白毫，這些白毫具有一定的抗寒作用，可以保護頂芽免受凍害。而加厚蠟質層，讓灌木茶樹的葉片比大茶樹的葉子更加堅硬，足以抵抗漫長的寒冬。灌木茶樹是家族中身材最矮小的一種，生命力卻最頑強。

茶樹每跨出新的一步，人類都在觀察，低矮的茶樹更能適應新的環境，並且更容易採摘，於是人類更傾向於栽培灌木茶樹。

人類成為茶樹有史以來最有力的傳播者，擴大適應性的茶樹追隨最初發現它的中華民族，在這片廣袤的土地上四處延伸。早在唐朝時期，它就到達了北邊的秦嶺，東邊的長江中下游地區，幾乎佔據了中國的半壁江山。而如油茶、茶花等 280 多種同為山茶屬的親戚們，卻無法複製茶樹的這種成功。是什麼讓茶脫穎而出？科研工作者藉助現代科技手段，破解了茶的全基因組圖譜，從中找到了關鍵所在。

茶樹在它的進化歷史上，發生過兩次全基因組複製事件，同時還有很多的基因發生了串聯複製，導致了茶樹葉片當中合成風味化合物的關鍵酶基因的數量較其他植物明顯增加，然而油茶的葉片裏面，合成這些關鍵物質的基因物質的表達量明顯要低於茶樹的葉片，因此，油茶積累滋味物質含量是非常少的，不適合做成像茶這樣的飲料。

灌木茶樹，易於採摘。

貴州湄潭。

安徽霍山。

基因複製是茶樹為抵禦自然災害做出的改變。在這個複雜的過程中，伴隨一些酶基因的增加，3種獨特的物質也隨之在茶樹的葉片上增多了。

這3種物質，徹底改變了茶樹的命運。

是飲品，
也是藥品

茶樹葉片中富含 3 種令人喜愛的風味物質：茶多酚、茶氨酸、咖啡鹼。

茶多酚具有殺菌作用，能夠幫助人類抵抗微生物。與森林裏的猴子一樣，人類也喜歡咖啡因帶來的神清氣爽。而茶葉中的第三大類物質——茶氨酸，具有類似味精的鮮味，能給人愉快的口感，打破了進入人類口中的最後一道屏障。

當人們從飲用茶湯中獲得了精神的振奮和口感的享受，茶湯便從藥湯中慢慢獨立出來，茶葉的身份再次轉變，從藥品變成了飲品。這種轉變擴大了茶葉的使用範圍，因為人不會每天服用藥材，但可以每天都喝上一杯茶。茶葉開始作為先鋒，為茶樹的擴張帶來前所未有的動力。

新鮮的茶葉並不容易儲藏，如何封鎖住茶葉的風味，這個迫切的需求催生出製茶工藝。四川雅安有一種茶歷史悠久，它的製作粗獷原始，顏色與茶葉的本色已經相去甚遠，變得黝黑，名為黑茶，是火幫助茶葉完成了重塑。茶葉自茶樹上採下，人們無須做出太多挑選，黑茶粗獷的製作手法讓十幾片葉子都能物盡其用。離開茶樹的葉子，沒有了能量供應，體內的酶開始消耗葉子本身，茶葉的活力進入倒

黑茶。

計時。

　　如何阻斷這種消耗？由火帶來的熱量發揮了關鍵作用。茶葉在滾燙的鐵鍋中進行翻炒，這個過程被稱為“殺青”，殺青使酶在高溫下失去作用，沒有了酶的催化作用，風味化合物在葉中被保存下來。青草味在這個過程中散失，使其更適合飲用。而去除水分，則變得更容易儲存。失去生命的顏色，葉的本體已死，茶卻保存了下來。

　　當黑茶打包成團，緊壓成磚，可以經過幾個月的運輸不變質，到達數千公里外的青藏高原。高原環境惡劣，植物匱乏，藏族同胞用茶與酥油混合成酥油茶以補充維生素，茶葉融入當地飲食，成了人們必不可少的日用品。

　　這一次，茶葉離開樹，以另一種形式打破了地域的限制，走到了更遠的地方，不僅輸出到中國的西南、西北邊疆，還曾進入不丹、尼泊爾、印度境內，直至西亞地區。

　　茶葉的普及，使有關茶的文化活動增多，宋代人喝茶的方式是碾茶為末，茶末與茶湯同時喝下，所以當時流行一種叫"茶百戲"的技藝，它類似今天的咖啡拉花，茶湯中如水墨畫般的圖案須臾即滅，又稱"水丹青"，成為文人間流行的娛樂活動。陸游詩中"矮紙斜行閒作草，晴窗細乳戲分茶"的"分茶"就是茶百戲。宋代的御茶龍鳳團餅製作勞民傷財，到了明代，為減輕勞役，朱元璋下令全國製作散茶。這是茶葉工藝史上的一次重要改革。

　　在這次改革中，一種重要的茶類由此誕生，這一類茶將在接下來的兩個世紀推動茶樹征服世界，但此時它還需要找到一個強有力的幫手，當時的大英帝國與茶葉剛好成全了彼此。

宋代流行一種叫"茶百戲"的技藝，又稱"水丹青"。

宋代御茶龍鳳團餅。

茶葉在中國經過了幾千年的發展，日益成熟。

1610 年，一種紅褐色的茶葉被荷蘭商人從中國帶到了歐洲。它有一個獨特的名字：Bohea Tea, Bohea 是武夷的諧音，這種紅褐色的茶葉是來自福建武夷山的紅茶。神秘的東方與神奇樹葉的組合，讓紅茶在西方引起關注，特別是征服了當時如日中天的大英帝國。

茶葉進入英國之初，因為稀少，只被王公貴族享用，他們在紅茶中加入牛奶和糖，搭配甜點，舉行下午茶聚會，飲茶在貴族間逐成風氣，茶葉一度擊敗了來自阿拉伯的咖啡，價格高到 "擲銀三塊，飲茶一盅" 的地步。在一個特殊的時期，茶成為一個龐大群體的生活必需品。藉助這個契機，茶最終落到了普通人的茶杯中。

這個特殊的契機是 19 世紀工業革命，工廠的誕生促使工人階層開始形成，工人的工作時間比農業社會大大延長，並且需要時刻保持注意力，循環的流水線容不得一點差錯。是茶幫助他們補充能量，給予他們撫慰，英國政府迫切地進口大量茶葉，以支撐這次不僅對於他們，甚至將整個世界帶入一個新階段的工業革命。

今天，英國街頭矗立著一些綠色小茶店，看起來並不高檔，卻是某些街區的社交中心，司機、警察、清潔工、急救人員、社區工作者、學生等喜歡聚集於此。更多時候，他們來這裏僅僅為了喝一杯茶。這裏的茶用最便宜的塑料杯包裝，一杯只需要 7 塊錢，是賣得最好的飲料。這種被稱為 "green shelter" 的小房子，原來是工業時期工人們的 "庇護所"，而給他們安慰的正是裝在杯中的茶。茶中咖啡因的提神作用、牛奶和糖提供的能量，讓工人們能夠獲得動力重新回到生產線上。政府看到了茶的好處，積極扶持綠房子這樣的茶所，茶使綠房子得以存在，給予工人支撐，這些工人又最終推動工業革命取得成功。

綠色茶店。

英國從工業革命中獲取了力量，一躍成為世界發展最快的強國。它在世界各地發動戰爭，試圖擴大自己的版圖。硝煙瀰漫的戰爭也無法讓英國人放下茶葉，他們甚至為茶設置了一套專門的設備。在英格蘭西南英吉利海峽沿岸的多塞特郡坦克博物館內，這些坦克內部構造複雜擁擠，但是英國人還是想方設法塞進了一個四四方方的鐵盒，用來盛放泡茶的熱水。

　　打開茶包，放入馬克杯中，按下蒸煮器的水龍頭，熱水源源不斷地流出，水是已經燒開的，可以直接沖泡茶包，糖和牛奶在配給包中也有，不必下車，在車上就可以安心享用一杯熱茶。這種傳統一直延續至今，現在英國士兵的配給中仍然保留了茶葉。

　　在殘酷的戰爭中，來自家鄉的一杯熱茶，帶給他們溫暖，也給他們力量。

博物館內配有蒸煮器的退役坦克。一杯熱茶給殘酷戰爭中的英國士兵們帶來家的溫暖。

北美因茶而反抗，
鴉片因茶而入華

在英國人認識茶之初，當時珍稀昂貴的茶葉甚至成了兩場戰爭的導火索。一個是由波士頓傾茶事件引發的美國獨立戰爭；另一個是英國試圖以鴉片謀取中國茶葉而引發的鴉片戰爭。

1773 年，英國頒佈《茶稅法》，允許東印度公司直接將茶葉運到北美銷售，這使得茶葉價格大幅降低，走私茶葉變得無利可圖，殖民地商人便共同抵抗英國的茶葉和法律。最終在 1773 年 12 月發生了著名的波士頓傾茶事件，一群反抗者化裝成印第安人，把東印度公司的茶葉全部扔進大海。英國議會為壓制殖民地民眾的反抗，1774 年 3 月通過了一系列懲罰性的 "強制法令"，剝奪了殖民地人民的政治和司法權，這使得反抗更為激烈，最終導致 1775 年 4 月 19 日，萊克星頓打響了北美獨立戰爭的第一槍。

英國因美國獨立戰爭幾乎耗盡錢財，難以購買昂貴的茶葉，便對中國放開了違禁 10 年的鴉片貿易。到 19 世紀初，鴉片與茶葉基本達到貿易平衡，英國駐華商人與中國政府之間的關係卻繼續惡化。1833 年，英國議會廢除了東印度公司在華的壟斷特權，中國出口的茶葉翻了幾番，進口的鴉片量也相應激增。於是導致了 "虎門銷煙"，以及隨後爆發的鴉片戰爭。

茶花。

但是戰爭仍然無法解決，一直到 19 世紀初茶葉只有中國生產的狀況，在英國人看來，茶樹的全球化種植已經勢在必行，他們找到了一個人和一片土地，茶樹開始向中國以外更廣闊的區域傳播。

　　這個人是植物間諜羅伯特·福瓊，在 19 世紀 40 年代，他受英國派遣，偽裝成中國人的模樣，多次秘密潛入中國尋找最優質的茶種。最終，福瓊帶走了 2000 株茶苗、17000 顆種子，這些茶種和茶苗翻山越嶺、跨越海洋，踏上了祖輩們難以想象的旅程，這趟旅程的終點是喜馬拉雅山背面的印度。

　　在異國他鄉，茶樹再次面臨完全陌生的環境，幸運的是，背靠喜馬拉雅山的大吉嶺，與茶樹的原生環境很相似，茶樹喜歡這裏的一切。此外，茶樹獨特的授粉機制早已為這一步做好了適應基礎。

　　茶樹的花朵被植物學家稱為"完美之花"，在一朵茶花上，既有雌蕊也有雄蕊。本來雌雄蕊之間依靠一陣風就可以完成授粉，但是茶花反而將自己的花粉阻擋在外，只接受其他植株的花粉。這種異花授粉，大大提高了授粉的難度，但是這一選擇對於茶樹的種族來說意義重大，因為它讓茶樹之間的基因不斷重組，從而產生更優質的植株，這種不斷捨近求遠的累積，讓茶樹即使在陌生的印度大地也順利地完成定居。

　　印度大吉嶺最古老的茶園與現代茶園的整齊劃一不同，這裏的茶
樹隨意散落在茶園裏，依稀可見當年人工栽種的痕跡，住在茶園旁的
居民口口相傳著這片茶園的歷史。

　　現在，大吉嶺成為全球三大著名紅茶產地之一。茶樹在印度種植
的成功，證明了茶樹全球化的可能，但這只是第一步。茶樹想要走得
更遠，還是需要靠茶葉征服更多的人，但是人工製茶費用太高，要走
向全球還需要更大的生產量和更低的價格，此時由茶葉推動的工業革
命又反饋到茶葉生產上。

　　印度的茶園已經是工業生產的一部分，它更適合稱為種植園。茶
樹變成像水稻一樣的農作物，能影響茶樹生長的因素被嚴格控制，
茶樹的高度，樹之間的距離，灌溉溝渠的數量。從茶園上空看去，茶
樹像一個個方格填滿了整塊拼圖。就連遮陰樹也是經過嚴格挑選的，
這些樹木頂篷高大，而葉子細小，即使有落葉也會從茶樹間隙掉落下
去，而不會影響茶樹的光合作用。

　　這些茶樹幾乎同時完成生長新葉的任務，以滿足於工業生產的茶
葉原料需求，它們被統一收割送進工廠。與中國保持全葉的理念恰
恰相反，印度工人要把它做成碎茶，把萎凋之後的茶葉直接投進壓碎

印度大吉嶺是全球三大著名紅茶產地之一。

機壓碎，接著撕裂成細小的顆粒。這樣做的目的是讓茶葉化整為零，在運輸儲存中都不至於折損，細分化是工業革命為茶葉提供的最大啟發。這些顆粒堆積在一起，在風與熱的催化下，氧化成紅褐色。雖然碎紅茶到這一步在外形上與中國的成茶已經相去甚遠，但是學習的仍是中國紅茶氧化原理的製作理念。

茶葉的運輸與製作一樣耗費人力，英國人為降低這一費用，在印度興建鐵路，當茶葉從山上轟隆而下，帶動了印度整個鐵路系統的發展。從種植到製作，茶葉生產的每一步都被嚴格控制，價格逐步趨低。在此之前，印度是個不飲茶的國家，如今，茶舖遍及大街小巷。

印度的成功激發了全球茶樹種植的熱潮，茶樹從亞洲出發，19世紀80年代進入歐洲，20世紀初征服非洲大地，20世紀20年代傳入美洲，約同一時間進入大洋洲。今天，全世界已有60多個國家種茶，30多億人飲茶。

製茶工藝 "萎凋"：均勻攤放鮮茶葉，利用常溫蒸發鮮葉的水分。

從茶園上空看下去，茶樹像一個個方格一樣填滿了整塊拼圖。

中國古人留下的茶詩，將飲茶的心境融入詩歌之中，令人深思。

"青燈耿窗戶，設茗聽雪落。"陸游靜夜注視窗外，沏一盞清茶，聽雪花飄落。

"食罷一覺睡，起來兩甌茶。"這是白居易對歲月與人生的解讀。

中國古人既煙火又詩意的人生，讓茶與詩成為絕配。

在離中國不遠的一隅——日本，茶給人類的精神同樣提供了另外一種想象空間，參與了人類精神世界的構建。這種構建最初源自僧人，自從茶葉的提神功能被僧人發現，便被僧人引入凝神專注的禪修之中，而茶平和清靜的個性，使它恰如其分地融入了僧人的清貧生活。僧人一度成為傳播茶葉的先行者，唐朝時，就陸續有日本僧人嘗

在日本，茶為僧人的禪修提供了巨大的精神支持。

試把茶帶回日本，但當時茶並不為大眾所熟知。

直到宋朝，一位叫榮西的禪師撰寫了兩卷《吃茶養生記》，才在日本推廣並普及了茶。而僧人在飲茶中體會心靈，得出飲茶同是禪修的"禪茶一味"精神，孕育出了日本茶道。

茶道，被當作日本最高的待客之道，他們甚至為此建造專門的場所——草庵。從草庵開始，茶道追求營造一種回歸自然的氛圍。由榮西禪師創立的建仁寺中，有座名叫"東陽坊"的草庵，環境清幽，即使身處都市也好像退回到自然森林之中，日本稱之為"市中的山居"。茶室外的庭院被稱為"露地"，露地中有一段小徑，意在阻斷茶室與外部世界的聯繫，當來客踏上露地，行走在花草掩映中，便逐漸放下世俗擾事，平心靜氣。

單純地飲茶在茶道中已不是目的，人們更加注重的是因茶提供的這一段清寂時光。茶道中有"一期一會"之說，意思是每次茶會都不能再重來。因此，主客應把每次茶會都當作最後一次相見，珍惜每次相聚。煮茶的每一步都已成為一種儀式，客人傳遞著共飲一碗茶，世俗的身份差異也在茶中消解。牆上掛著照應當季的書畫和鮮花，身邊坐著坦誠相對的友人，人們身處茶香縈繞的空間之中，靜靜體會著自然和生命的議題，而其中的茶最終也超越了飲品，成為人類意識的一部分。

茶樹以葉揚名，在其盛名之下，茶樹似乎隱去了自己的身份。茶葉被世人傳頌，演繹出綿延的文化，帶來經濟的發展，也挑起風起雲湧的戰爭，直至成為人類精神的一部分，似乎人們心中的茶，約等同於茶葉。而實際上，茶葉只是茶樹帶給這個世界的禮物，在其輝煌的背後，是茶樹植物繁衍策略的極大成功。

這種從中國西南森林走出的樹木，瑞典植物學家卡爾·林奈在1753 年將其命名為"Thea sinensis"，意為中國茶樹。

第四章

竹之文明

春天，萬物生長的季節。隨著溫度的上升，
棲息在中國大地上的大多數植物漸次復甦。

其中有一類植物，它是草，卻能擁有樹的身
高，它以旺盛的繁殖能力和驚人的生長速度
著稱於世。它既普通又特殊。在人類世界，
它塑造著文明，也被文明塑造。萬千植物之
中，它極易被識別，但也常常被誤解，它從
1 萬年前就開始陪伴人類。

關於它，有很多不為人知的故事，它就是
竹子。

提到竹子，人們一定都不陌生。但要說竹子是草不是樹，相信十有八九的人會感到吃驚。沒錯，竹子是多年生禾本科植物，屬於草的家族。

一片樹林裏，一棵樹就是一個獨立的生命。竹子則不同。一片偌大的竹林，或許只有一株完整的生命，每一根竹子都是這個生命的一

毛竹：禾本科，竹亞科，剛竹屬。

部分。竹林的秘密，藏在看不見的地下世界。

　　地下的根莖將一根根竹子連接在一起，它們才是整片竹林真正的主幹。地表之上的每一根竹子，都是這些根莖的分支。這裏儲存著竹林光合作用轉化的能量，以及大地中的養分。每年秋天，竹林會用根莖的儲備培育竹筍。在一整個冬季的休眠後，隨著溫度回升，竹筍們開始萌動。只需要一場豐沛的雨水，它們便能帶著強大的能量掙脫大地的束縛。

　　在出土前，竹筍們就已經擁有竹節，現在，它們身體的每一節都開始向上生長。拚盡全力，是因為根莖中的能量有限。只有少數有希望長大的竹筍才能獲得充足的能量，但這只是它們要面對的第一個困難。

　　氣候條件始終掌控著竹筍的命運。緊緊包裹著竹筍的筍殼，起到了防寒防雨的作用。但竹筍的生長還是會受降溫的影響，雨水如果太多，它們還可能因根莖無法呼吸而淹死。越是幼小的竹筍，就越容易

竹子的地下莖。

雨後春筍。

在這樣的天氣中夭折。對整個毛竹家族來說，比這更加惡劣的天氣也早已經歷過千百萬次。

以無數生命為代價，它們逐漸了解了自己的生存極限。今天，毛竹大多生活在長江以南的山地地區。這些地方即便出現倒春寒，低溫也不會持續太久，山體的坡度也可以防止雨水積存。得天獨厚的生存環境讓一部分竹筍得以幸存，但挑戰還在繼續。

竹筍長成竹子後，它們的身高將不再改變，竹林積蓄的能量已經消耗殆盡。它們生長最快時，一天甚至可以長高 2 米。大約 50 天後，一些竹筍就能長到將近 20 米高，這是很多樹木生長 100 年才能取得的高度。

就在短短數十天內，竹筍的命運已經被決定。每年出土的竹筍，只有不到一半能夠長大成竹。根莖提供的能量越來越少，那些還沒來得及長高的竹筍，它們或者自生自滅，又或者成為人類的盤中餐。而那些已經脫胎換骨的竹筍，則可以盡情舒展腰肢。它們將成為這片竹林真正的一分子。

竹子，從誕生的那一刻起，就必須竭盡全力。5000 多萬年前，原本只是一株草的它，正是憑藉著強烈的求生慾望，一步步成為今天的模樣。

原本只是一株草的竹子，為什麼要如此與眾不同，擁有這樣令人仰望的身高呢？

在瀾滄江畔，分佈著大片天然竹林。這裏是植物的天堂，也是殘酷的競技場。為了爭奪陽光，每種植物都必須有一技之長。因為擁有像樹一樣堅硬的軀幹，竹子獲得了和樹比肩站立的資格。再加上驚人的生長速度，竹子可以迅速佔領制高點，獲得充足的陽光。可以說，正是因為獲得了身高上的優勢，絕大部分竹子才能成功地在森林這種生存環境中佔據一席之地。

對於竹子來說，僅僅取得身高上的優勢，還不足以維持生存。

在光學顯微鏡下，將竹子的橫切面放大 5～20 倍後可以看到，

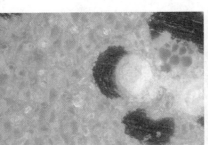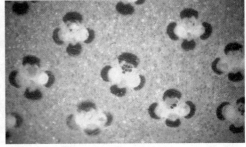

將竹子的橫切面放大 5～20 倍，呈梅花狀分佈的組織是維管束，它能賦予竹子韌性。

呈梅花狀分佈的組織叫維管束，其中富含的纖維賦予了竹子韌性。而維管束周圍的組織，則讓竹子堅硬強壯。在竹子體內，維管束的分佈由內向外逐漸緊密，保證了竹子最易受外力襲擊的身體外側更具韌性。在竹筍長成竹子的過程中，維管束和它周圍的組織都在不斷完善，它們就像鋼筋和混凝土，共同構築了竹子高挑卻堅韌的軀幹。

竹子的外貌也開始有了新的變化。抽枝展葉，意味著它們即將成為真正的竹子，終於可以靠光合作用自力更生了。

就在此時，意外降臨。

人們所要尋找的是竹子的纖維。這些即將抽枝展葉的竹子，富含纖維，柔韌度適中，是最理想的選擇。

隨著時代的變遷，人類的記憶工具不斷改變。相比於甲骨、金石等材料，竹子材質輕，且分佈廣泛，用它製成的竹簡，在紙誕生以前，是中國人最重要的書寫材料之一。5000 年中華文明，有 2000～3000 年記載在竹簡之上。也正因為有了竹簡，書寫系統得以穩定，漢字才得以進行更廣泛的傳播。

當人們掌握了提純竹纖維的技術後，竹子又成為造紙最廣泛易得的原料。今天，用竹子造紙的工藝仍在繼續。在找到最理想的竹子後，所有工作幾乎都圍繞著怎樣獲得最純淨的纖維展開。但竹子能否蛻變為合格的竹紙，接下來的環節至關重要。

撈紙直接決定竹子最後的歸宿。竹子的纖維，必須撈得足夠均勻而纖薄，才能被委以重任。起落之間，竹子們年輕的生命被永遠定格。

從古至今，無數竹子以這種生命形式承載著人們無形的思想與情感。

而竹子對人類的奉獻還遠不止於此。

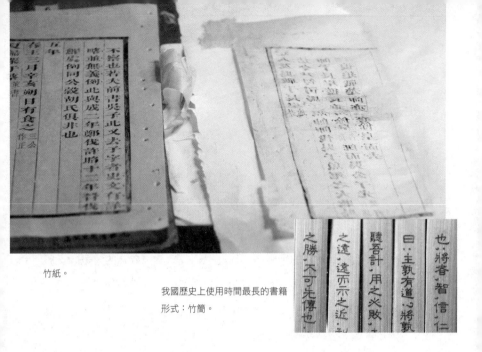

竹紙。

我國歷史上使用時間最長的書籍
形式：竹簡。

　　中國竹類資源豐富，素有“竹子王國”之稱。竹子對中國人的影
響，甚至讓 19 世紀維多利亞時代的評論家們都驚歎不已：“竹子比礦
物更珍貴，僅次於米和絲綢，是天朝最大的收入來源。”竹子的用途
廣泛，包括竹製的雨衣和雨帽、漁網、竹簍、量具、酒杯、勺子、筷
子及煙斗等。

　　漢武帝時代，著名外交家、探險家張騫曾到中亞細亞，後來他回
國報告說，他在中亞的一個國家“大夏”（現阿富汗北部一帶），曾
見到商人轉賣從印度販來的四川竹杖。

　　據東羅馬帝國的記載，隋朝初年，中國蠶種傳入西方，就是用一
節中空的竹子偷運過去的。

　　不同種類的竹子，自從和人類相遇後，就不僅僅是山林間的生
命。它們幫助人類分擔繁重的勞作，它們方便了人類的生活出行，它
們滿足了人類的口腹之慾，它們承載了人類的瑣碎日常，它們又在無
意間塑造著人類文明……

與竹子
牽絆共生的
生靈

在人類享受竹子的饋贈時，那些繼續在竹林中成長的竹子，已經長出葉片。竹葉是竹子全身最輕盈柔軟的部位，它們像一塊塊太陽能電池板，為竹子合成生命所需的養分。這些葉片經冬不凋，讓竹子越冬成為可能。但在冬季，它們也可能置竹子於死地。

對竹子來說，真正的威脅不是寒冷，而是雪。千枝萬葉承接的每一片雪花，都是竹子不可承受之重。這種無聲的較量，幾乎每年冬天都會上演，幾乎每一次都生死未卜。即便竹子能夠挺過寒冬，它們的葉片還是會在風雪的侵蝕下逐漸老化。為了生存，這些竹子在第二年春季到來時集體更換葉片。對它們而言，這場換葉儀式性命攸關。而

竹蝗：竹葉的掠奪者。

它們新長出的葉片早已被其他物種預訂。

竹子的天敵中，僅蝗科昆蟲就有 20 種之多，竹蝗便是其中最常見的一種。新長出的竹葉，正好成為牠們孵化後的第一頓美餐。面對這些肆無忌憚的掠奪者，竹子無處可躲。

在蠶食了足夠多的竹葉後，竹蝗迎來了羽化的時刻。從此時起，牠們便有了生兒育女的能力。雄竹蝗交配過後便會死去，而雌竹蝗還必須完成最後的使命——產卵。雖然耗盡了所有氣力，但小竹蝗來年就會誕生。因為一片葉子，竹蝗的繁衍生息與竹子牢牢綁在了一起。

而在眾多以竹為生的物種當中，最為家喻戶曉的，則是一種龐然大物——熊貓。很少有人知道，正是因為竹子，牠們的命運被徹底改變。

幾乎靠吃竹子為生的大熊貓。

雪壓竹，讓竹子生死未卜。

國寶大熊貓作為我國的特有物種，其食性尤為特別，幾乎完全靠吃竹子為生。一到冬天，牠們便會遷徙到相對溫暖的低海拔地區。一頭成年的野生大熊貓，每天大約要花 16 個小時，吃掉大約 40 公斤竹子，這大約是一個成年人 20 天的飯量。食量驚人，是因為大熊貓曾經是肉食性動物，牠們的腸胃無法有效吸收竹子中所含的營養物質，只好以量取勝。

　　大熊貓演化出的第六根偽拇指，可以幫助牠們更加方便抓握竹子。長期咀嚼堅硬的竹子，讓牠們擁有了發達的咀嚼肌和厚重的頭骨，臉因此變得越來越圓。現在，吃竹子對牠們來說變得像人們啃黃瓜一樣輕鬆。

　　大熊貓為什麼做出諸多改變，只吃竹子呢？

　　合理的猜測是，在自然環境劇烈變化的時期，頑強生存的竹子，儘管並不美味，卻足以讓大熊貓果腹。茂密的竹林還為大熊貓提供了防禦天敵的屏障。也許正是因為竹子的存在，才孕育了今天的大熊貓……

當竹子逐漸步入壯年後，它們的外貌幾乎不再發生變化。但生活
對它們的考驗卻從未停止。

"木秀於林，風必摧之"，竹子高挑的身材，總是在惡劣的天氣
中遭到攻擊。但竹子早已有所準備，它們應對的手段，就藏在身體的
每一個部位中。

隨著年齡的增長，竹子會不斷優化體內維管束的強度以增強韌
性。而中空的力學結構、竹節及其內部起支撐作用的橫樑，則賦予它
們極佳的抗彎能力和強度。

在惡劣的天氣中，竹子身體的每一個部位都發揮著作用。即使不
幸殞命，它們也不會輕易向風雨折腰。"千磨萬擊還堅勁，任爾東西
南北風"是詩人鄭板橋對竹子無畏風雨的讚歎。竹子今天的至剛至
柔，是幾千萬年來風雨不斷磨礪的結果。

因為中空的結構和特殊的彈性，竹子成為人們眼中製作樂器的良
材。從古到今，由竹製成的樂器不勝枚舉，如笛、簫、笙、箏、竽、
箜篌等。在眾多用竹子製成的樂器中，有一種樂器，因管長一尺八寸
而得名尺八。

尺八曾是宮廷雅樂的主角，大約在唐代時，被作為吹禪的法器傳

至日本。今天，尺八已經成為日本的代表性民族樂器，擁有眾多流派。但它的聲音卻在中國銷聲匿跡。塚本松韻，是普化尺八明暗對山流的傳人。20 年來，他最大的心願就是將普化尺八的聲音帶回中國。

塚本一直堅持著尺八從中國傳來時的吹禪傳統。對他而言，普化尺八不僅是樂器，而且是一種修行。普化尺八在製作方式上會最大限度地保留每根竹子的本色。每個人都有不同的性格，而每支普化尺八也都有獨特的音色和外形。吹管者在吹奏時，必須根據每支尺八的不同特點調整自己的氣息，並在一呼一吸間，探索自己的內心。

從一根竹子到一支尺八，人們完成了對它的塑造，而它也用聲音洗滌著人們的心靈。竹子從來都不只是簡單地被利用，而是與人類有著深厚的情感聯結……

普化尺八。尺八的魅力在於，它既是自然的聲音，也是人類心靈的回聲。

或許也是被竹子無畏風雨的生命狀態所打動，竹子在人們眼中，不再只是山林間的生命。大約從秦漢開始，它們逐漸成為人們的審美對象。到了唐宋時期，竹子不僅頻頻出現在吟詠描摹中，更被廣泛種植於房前屋後，成為人們美好精神品格的化身。

　　中國歷代有很多有關竹子的著作，例如，晉代戴凱的《竹譜》，元代李衎也作過更詳盡的一部《竹譜》。此外，自蘇東坡畫墨竹以來，又出現了很多畫竹的名家，清代的鄭板橋就是其中之一。

　　竹子也是歷代賢人詠歎的對象，比如魏晉的"竹林七賢"和唐朝的"竹溪六逸"，詩人王維位於陝西的書齋更是名為"竹里館"。

　　古今文人墨客，給竹子空心挺直、四季青翠、傲雪凌霜等特徵賦予人格化的高潔、虛心、有節、剛直等精神意象，將其與梅、蘭、菊並稱為"四君子"，與梅、松並稱為"歲寒三友"。正如英國學者李約瑟所說：東亞文明乃是"竹子文明"。

　　竹子終年常綠，象徵清廉；竹杆通直富有韌性，象徵守正不阿；空心，象徵虛懷若谷；竹節，象徵堅貞有節。竹子與人，從相遇到相知，從相伴到相守。竹子的生存條件，因人們的悉心照料得到改善，而人們的心靈，也因竹子的存在而變得充盈。

　　古詩云"寧可食無肉，不可居無竹"，作為曾經文人士大夫的私人居所，園林中的竹景隨處可見。直到今天，竹子在人們心中的位置仍然無可替代。

　　一步一步，竹子從遠古走來，從山野走進人類的視野，又從日常起居的生活用具上升為人們心中的謙謙君子……

以竹為審美對象。

以竹做生活用具。

在自然界中，為了生存，竹子會通過相連的根莖不斷進行營養傳輸，共同分擔環境的壓力。而在繁殖擴張方面，很多竹子的根莖還發展出另外的特長。毛竹，在地表之上看似與世無爭，但在泥土之下，它們的根莖卻能向四周不斷擴展，攻城略地。它們讓竹子長上了雙腳，繁殖擴張變得更加便利。

在生存繁衍本能的驅使下，在各種自然界的考驗中，竹子不斷改變著自己。最終，一株草成功地在地球上繁衍出擁有 1500 多個不同種類的竹子家族。那些存活至今的竹子，或許不是最美麗、最強大的，有時只是最頑強或最幸運的。

海拔 3000 多米的神農頂，每年有 5 個月被冰雪封凍。這裏幾乎是竹子所能生存的極限高度。雖然身形矮小，它們卻是少數能在這裏過冬的生命。

在草木豐茂的雨林中，一些竹子還掌握了攀爬的技能，它們能夠藉其他植物的高度接近陽光。

巨龍竹則成為世界上已知體形最大的竹子，身高可達十幾層樓高，而且砍下一節，就是一個水桶。

每一種竹子都有自己獨特的外貌，每一種竹子也都有自己的生存

神農箭竹：禾本科，竹亞科，箭竹屬。

神農頂上的神農箭竹。

之道，在這種種不同背後，它們共享著同一種最原始的慾望——活下去，然後繁衍生息。

而當竹子與人類相遇後，它們又憑藉人類的幫助，進一步在世界範圍內開疆拓土。

關於我國毛竹如何引入日本有多種傳說。有一種說法，毛竹進入日本應在千年之前，目前有史證或物證的是江戶時代（1603—1868年），島津家21代吉貴於1736年從琉球移植來兩棵毛竹，成為日本毛竹栽培之祖。

到今天，在日本的嵐山竹林，來自中國的毛竹成為這裏的主角。毛竹以其在竹材、觀賞、食用等方面的價值，深受日本人青睞。毛竹已經成為日本佔地面積最大的竹種之一。

1907年，一位名叫歐內斯特·亨利·威爾遜（Ernest. H.Wilson）的英國植物獵人，成功從中國引種了在他眼中最漂亮

巨龍竹：禾本科，竹亞科，牡竹屬。

的竹子，並用其女兒的名字莫瑞爾（Muriel）為其命名。在中國，這種竹子被稱為神農架箭竹。威爾遜曾於 1899—1911 年四次來中國考察，被西方稱為"打開中國西部花園的人"，神農架箭竹也成為歐洲引種最成功的中國山地竹子之一。

愛丁堡皇家植物園，是威爾遜當年採集的竹子在歐洲的第一個家。這種被大熊貓喜愛的竹子，也受到了歐洲人的歡迎。從愛丁堡皇家植物園分蘗出來的神農架箭竹，從此流向了歐洲的千家萬戶。

英國的邱園中，上百種竹子在這裏安家落戶。在意大利，竹子被用來建造迷宮。在這些國家，竹子還只是拓荒者，但隨著人們對它的不斷認識，它在未來也許會擁有更廣闊的生存空間。

植物運行了數億年之久的光合作用，讓生命得以在地球上活躍。只需要藉助一些陽光和水分，它們就能將二氧化碳轉化為生命所需的能量，並且釋放出對世間萬物至關重要的氧氣。

隨著科技的發展，人類掌握了各種各樣將碳排放到大氣中的方式，但如何將碳吸收固定，只能仰賴植物的光合作用。相比於很多植

物，竹子異乎尋常的生命力和速生特性，迫使它們必須更加勤奮地進行光合作用，才能為生存繁衍提供足夠的能量。在很多人眼中，竹子對光合作用的強烈需求，成為一種有效的固碳方式。在世界森林面積不斷縮減的今天，越來越多的人開始將它視為綠色環保的可再生資源。

當越來越多的人認識到了竹子的綠色環保時，便有越來越多的竹製品在人們生活中流通。當越來越多的人開始善待竹子時，竹子便會擁有更多的生存空間。竹子，人們越是了解它、發現它，就越懂得如何利用它。

竹子的一生，每個階段都散發著魅力，這種魅力使它與無數物種的命運相互交織。在自然界的萬千植物中，竹子，因它頑強的生命力，以及對人類的貢獻，將被永遠銘記。僅在《辭海》中，以竹為偏旁的漢字就有 200 多個。每一個字都是一種提醒，提醒著竹子以各種形式對人類的滋養。

在意大利的方丹內拉多，竹子用來建造迷宮。

告別 又壯烈的 一場神秘

如同地球上所有的生命，竹子的生命也有告別的一天，只不過，它的告別方式與眾不同。

見過竹子的人很多，但見過竹子開花的人卻少之又少。在人類眼中，"花"常常是美麗芬芳的代名詞，竹子的花也是如此，但它一生只開一次花，一等就是數十年。它的花神秘而又複雜，至今沒有人能夠預測它開花的確切時間。

2018 年 6 月，桂林的竹林中，終於有竹子開花了。在開花前，同一根根莖相連的所有竹子都開始為開花做準備，它們慢慢褪去一身的翠色，將自己身上幾乎所有葉芽轉化成花芽。當一片竹林變成黃色時，竹子的花就掛滿枝頭了。

這一朵朵黃色小花，讓竹子迎來生命中最絢爛的時刻。同時，也讓竹子迎來了與生命告別的時刻。正是用開花，竹子宣告著自己的生命已經走向盡頭。它們在生命謝幕時開的花也許並不是最耀眼的，卻足夠壯烈，因為它們不但開花即死，而且往往成片株連。

竹子開花即死，於很多仰賴竹子為生的人和動物而言，成了一場巨大的災難。為了自身需要，也為了其他物種的需要，科學家們一直試圖了解竹子的開花規律。

竹子開花，是最絢爛的時
刻，也是生命告別的時刻。

科學家們在探尋竹子開花的
規律。

為了開花，竹子通常要經歷極其漫長的等待，開花之後，則是它們對生命的告別，這其中的原因是什麼呢？

科學家們每年都會收集並研究竹子的花和種子，希望能藉助現代科學的手段，探尋竹子開花的規律。因為竹子開花的稀有和不確定性，科學家們開展的研究也許要持續幾十年才能有所收穫，這是一場注定艱辛的實驗。在中國，所有與竹子開花有關的研究，都還處在起步階段。

儘管人們還無法預知竹子會在何時開花，但同大多數植物一樣，竹子開花也是為了繁衍後代。這是它們一生唯一的機會，當竹子把葉

寄生在枯竹根部的竹蓀，是竹林中的清潔工，
將竹子的屍體化為萬物生長的養料。

芽轉化成花芽時，就喪失了光合作用的能力。犧牲自己只為了給整個種群留下更多生的希望。

此刻，每一朵小花的柱頭都在期盼著花粉的到來。大約 9 個小時，花粉如果還不能與柱頭相逢，便會永遠失去孕育生命的機會。每一陣風，每一隻路過的昆蟲，都是一線生機。

在秋季到來之前，開花的毛竹們完成了孕育的使命。

這些種子必須抓住生命中唯一一次可以移動的機會。因為從離開母親的那一刻起，它們的生命就進入了倒計時。它們必須盡快找到一處合適的土壤，否則將永遠失去萌發的機會。

使命完成後，也就到了母親永遠離開的時刻。它們將在一種共生菌類的幫助下重回大地。竹蓀是竹林中的清潔工，它負責將竹子的屍體化為土地的養料。在同一片大地上，新的竹子即將誕生……

一粒毛竹種子，大約半個月後就開始長出小苗。再過不久，毛竹小苗便會擁有萌發竹筍的能力。通過萌發竹筍，大約 10 年後，一棵毛竹小苗也能長成一大片像它母親那樣的竹林。

人類誕生以前，竹子就已靜立於天地之間。它為生存所做的努力，成就了自己，也成全著無數物種。它是竹子，禾本科，竹亞科。

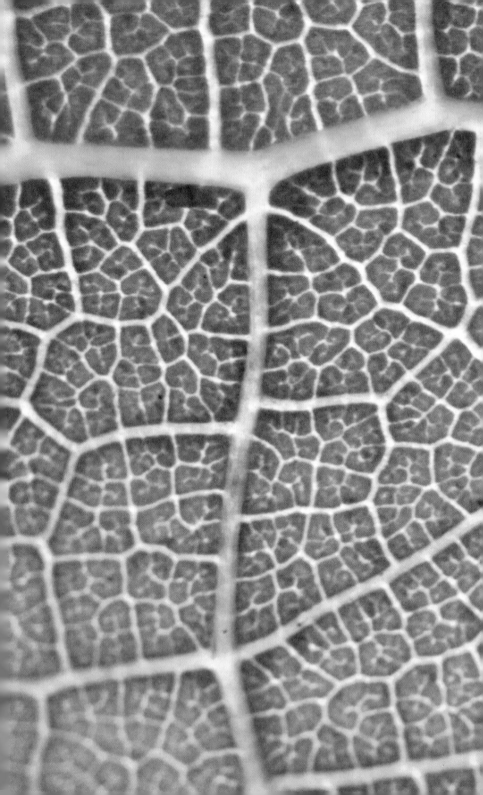

第五章

桑之
絲路

有一種植物，它的葉子與眾不同，卻擁有著強大的蛋白質生產能力。然而，充足的營養是福也是禍，葉子的命運因此而改變。一種昆蟲發現了其中的秘密，從此，這種昆蟲把葉子作為主要食物，享受葉子中豐富的蛋白質，慢慢地，這種昆蟲不再吃其他食物，它自己也變成了蛋白質的儲藏者，這是昆蟲的秘密。

當葉子與昆蟲的秘密被人類發現，三者上演了一場互相依存、互相博弈的生命大戲。這場戲上演了 5000 多年，如今還在繼續。

戲的主角之一，是樹，是桑樹。

青藏高原，地球上的最高點。在純淨而又氧氣稀薄的天空、巍峨而又冰冷的雪山之下，是一片對生命極為嚴苛的土地。發源於青藏高原的雅魯藏布江，攜帶著冰川雪水奔湧而來，孕育著河流兩岸的生命。

一億多年前，桑樹誕生在雅魯藏布江流域。至今，仍有許多野生桑樹生長在這裏。這裏是桑樹的故鄉。

南迦巴瓦峰下，一棵大樹靜靜矗立。它已經在高原上度過了1600多個春秋，是迄今為止地球上最古老的桑樹，當地人把它稱作"桑樹王"。

一株剛剛出生的桑芽，即將迎來生命中的第一個春天。高原的春天異常短暫，它必須盡快長大，以應對即將到來的生存壓力。春風拂過，氣溫快速上升。深埋地下的樹根，準確捕捉到溫度的變化。生命通道迅速打開，源源不斷的水分從根部被輸送到樹冠。

一場對陽光的追逐賽拉開帷幕。為了捕捉陽光，所有桑葉都奮力生長。快速生長伴隨著巨大的能量消耗，儲存了一個冬季的養分急劇下降。眼下，它急需蛋白質補充能量。蛋白質是構成生命的基礎物質，包括人和動物在內，生命成長的所有過程都需要蛋白質的參與。

地球現存最古老的桑樹，已有 1600 餘歲，人們
稱它為 "桑樹王"。

桑葉。

　　位於根部的指揮中心，將土壤中吸收的氮元素輸送到葉片，在陽光和水分的共同參與下快速合成蛋白質。幾十萬片桑葉參與其中，蛋白質被源源不斷地生產出來。葉片中老化的蛋白質也不會白白浪費，它們重新分解為組成蛋白質的基本單位：氨基酸，輸送回根部儲藏起來，以備不時之需。

　　桑樹為什麼擁有如此強大的蛋白質生產能力，至今還是個謎。藉助現代化設備，研究人員試圖破解桑樹家族的秘密。

　　葉片是捕捉陽光的重要器官，通過光合作用，桑樹獲得了滿滿的能量。僅在桑葉中，就有 2000 多種蛋白質。

　　桑樹基因的破解，讓研究人員有了重大發現。在過去的 1 億年間，桑樹基因的進化速度是同類植物的 3 倍，因此，它們擁有快速而強大的生存能力，以及令人類望塵莫及的長壽基因。

　　假如沒有一種昆蟲的出現，桑樹是會一直長壽下去的。

　　隨著桑葉快速生長，隱藏在樹上的昆蟲結束了長達一個冬季的休眠，開始孵化。其中有一種昆蟲叫作蠶。

實驗室裏，研究人員正在為即將出生的蠶寶寶準備食物。除了蠶鍾愛的桑葉，還有味道濃烈的青蒿、魚腥草和萵苣葉，以干擾牠們的注意力。人們希望通過蠶出生後的第一選擇，找到蠶只對桑葉情有獨鍾的秘密。

蠶寶寶誕生了。經過一個冬天的蟄伏，牠們飢腸轆轆，嗷嗷待哺。

蠶的視力很微弱，只能感受到光的存在，但牠們的嗅覺卻異常靈敏。面對青蒿、魚腥草和萵苣葉，蠶有些拿不定主意。短暫的猶豫之

蠶與桑。

後，牠選擇了桑葉。

研究的結果毫無懸念，所有幼蠶都選擇了桑葉。事實上，蒲公英、榆樹葉等 30 多種植物，也可以寫進蠶的食譜，只是蠶太挑剔了。

在自然界生存了百萬年的野蠶，依然保留著桀驁不馴的個性。牠們體態輕盈、行動敏捷，堪稱完美的保護色，讓敵人很難發現牠們的行蹤。

人們不知道野蠶用多長時間才找到了桑樹，但自從與桑葉相遇，野蠶就把蛋白質的味道刻在了基因裏。最終，為了一片桑葉，放棄了整片森林。

並非只有野蠶對桑葉中的蛋白質感興趣，隨著眾多獵食者的到來，桑樹迎來了一年中最具挑戰的時刻。

通往 “餐廳” 的道路並不輕鬆。一隻正在哺育後代的馬蜂緊張地注視著野蠶的一舉一動。一隻野蠶從葉子的邊緣開始咀嚼，速度驚

野蠶的天敵之一 —— 馬蜂。

人。也許是顧忌蜂巢中的幼蟲，馬蜂媽媽只是將這隻不長眼的野蠶趕出了領地。

蠶這種由點到面，逐漸吞噬的進食方式，從 2000 年前的戰國時期，就演化為逐漸消滅對手的專用名詞：蠶食。

沒有任何生物甘願被蠶食，即便是植物。

動物靠聽覺或視覺感受到危險的來臨，而桑樹通過防禦性蛋白，準確意識到發生了什麼。這種神奇的化學信號十分精密，能夠讓桑樹分辨出攻擊者是桑毛蟲、桑天牛，或者是自己的老對手——蠶。

隨著蠶的進食速度加快，桑樹啟動第一道防禦武器。乳汁就是桑樹在進化過程中產生的一種防禦武器，乳汁中一種叫蛋白酶的物質，

會讓大多數昆蟲消化不良，甚至喪命。眼下，野蠶還沒有察覺到桑葉反擊帶來的傷害，進攻仍在繼續。

桑樹啟動第二道防禦系統。信息傳輸通道被迅速打開，乳汁中的蛋白酶迅速合成生物信號，將敵人入侵的消息傳遞給周圍的盟友。濃鬱的氣味在桑林中快速蔓延，這會引來對蠶感興趣的食客。正在哺育後代的馬蜂終於痛下殺手，牠循著味道，迅速鎖定了野蠶的位置。隨著馬蜂將最後一點食物打包帶走，桑林重新安靜下來。

協同進化是一個漫長的過程，在億萬年的博弈與妥協中，野蠶與桑葉最終演化為一對生死冤家。

人類的出現，使桑蠶間的博弈規則變得複雜。

同樣對桑葉感興趣的
食客——桑毛蟲。

對江南一帶的蠶農來說，小滿是一年中比春節更重要的日子。

相傳這一天是蠶神的誕辰日，桑農們都要爭相"祭蠶神"，以祈求桑滿園、繭滿倉。這種源於對桑蠶的崇拜習俗，已經流傳了上千年。

早在新石器時代，中國人的祖先在桑林中發現了蠶的秘密。他們為了獲得這隻昆蟲吐出的絲線，開啟了長達千年的馴化歷程。

人們已經無法考證，古人是如何讓桀驁不馴的野蠶逐漸適應蠶房的群居生活的。更令人驚訝的是，他們竟然成功地讓野蠶褪去保護色，完全轉變為白色。直到今天，現代科學依然無法破解家蠶體色改變的奧秘。

在人類的幫助下，家蠶逐漸化解了桑葉的防禦，能夠自由控制桑葉物質的轉化，從而吐出世界上最優質的蛋白纖維——蠶絲。蠶絲中 97% 的成分是蛋白質，有 18 種氨基酸，與人類

家蠶。

有一種被人類馴化的桑樹——地桑。

皮膚極為相似。

蠶房裏，20000多隻家蠶正處在旺盛的生長期。從出生起，牠們就在一刻不停地啃食桑葉。在短短的二三十天裏，牠們的體重可以增長10000倍，如果換算成人類，相當於一個月內長成5000公斤，也就是5噸重的大胖子。

從桑林來到蠶房，生存變成了生活。但生活並非毫無風險。這種高密度的群居生活，讓家蠶逐漸失去了抗病能力，牠們必須依賴人類的精心呵護才能生存，而種桑養蠶這種祖祖輩輩延續下來的本領，也深深鐫刻在中國人的基因中。

所有家蠶都在努力工作，目標是結繭化蛹。當吐出的絲線纏繞成繭，準備在蠶繭中羽化成蛾、繁衍後代的蠶蛹，再也無法像從前那樣完成生命的輪迴。為了獲得高質量的絲線，這些蠶將被蠶農送進烘乾爐中殺死，早早結束了生命。

蠶房裏，對蠶的馴化效果顯著；桑園中，桑樹的馴化成果日新月異。

5000多年前，桑樹走出森林來到桑園。中國古人用非凡的創造力，不斷對桑樹進行改良。有一種馴化的桑樹，叫作地桑，它的出現，是桑樹馴化史上的重大飛躍。桑樹的身高變得越來越矮，它的主要任務就是長出好的桑葉，一旦不符合人類的要求，它的生命就會被終結。它們的生命，被定格在了短短的20年。儘管桑樹的壽命變短了，它的數量卻越來越多，這是因為人類對蠶絲永無止境的追求。

桑與蠶開啟了文藝復興時代

2000 多年前的西漢時期，桑樹追隨著人類的腳步，遍及中國所有省份，北至內蒙古、西到新疆、南到海南島北部，都有桑樹的身影，中國成為世界上桑樹品種最多的國家。

繅絲是製絲過程的一道主要工序。繅絲廠裏，工人們正在對剛收穫的蠶繭進行挑選。春天的桑葉富含蛋白質，可以讓春蠶結出品質最好的蠶繭。一粒拇指大小的蠶繭，就能剝離出 1000 多米長的絲線。就是這一根根纖細的絲線，支撐著世界絲綢產業 80% 的原料供應。絲綢如此珍貴奢侈，以至於在古代中國和貝殼、白銀一樣，扮演了貨幣的角色。而在對外貿易中，絲綢逐漸成為主角。

織布機的誕生在中國已經有 1000 多年了。細密的絲線縱橫交錯，將大自然的饋贈與人類的智慧緊緊交織在一起。"機械"一詞以及這一詞彙所對應的工具，由此演變而來。越來越多的文明形態，與絲線連在了一起。僅在《現代漢語詞典》中，由"絲"演變而來的漢字就有 188 個。

從西漢起，中國的絲綢不斷大批地運往國外，成為世界聞名的珍貴產品。在絲綢傳入歐洲以前，古羅馬人用羊毛做衣服，古印度人用棉花，古埃及人用亞麻。公元前 1 世紀，身披羊毛質衣服的羅馬人征

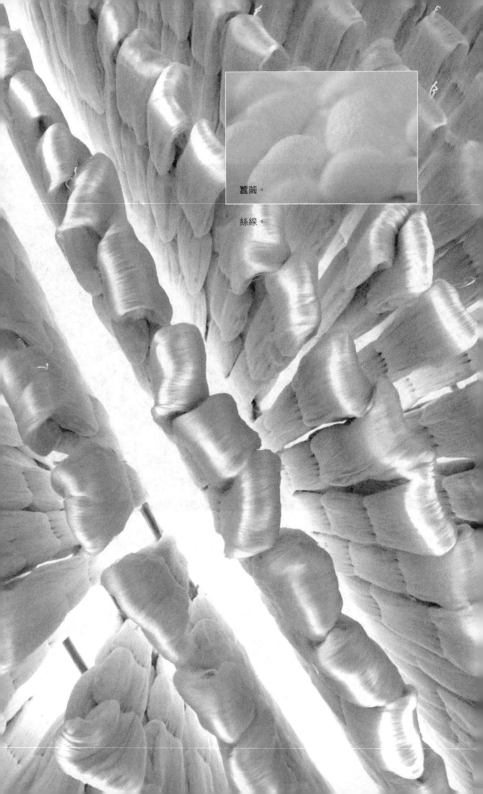

蠶繭。

絲線。

誕生在中國的織布機。

戰到波斯，第一次見到輕薄的絲綢，並且傳說是從一種蟲子肚子裏得到的，難以想象他們訝異的神情，絲綢立刻成為羅馬貴族競相追逐的奢侈品，價格幾乎與黃金相等。

公元前 115 年，安息的密特里達提二世和漢武帝訂立商業協定。絲綢作為東西貿易中最珍貴的商品，開啟了人類歷史上第一次大規模的商貿交流，史稱"絲綢之路"。

在絲綢的驅動下，一條連接中亞、東亞、西亞，直至歐洲的貿易通道，源源不斷地將中國出產的絲綢、茶葉、瓷器等奢侈品傳入西方，同時又將西方的商品、文化、藝術傳入中國。

在古代中國，種桑養蠶一直是國家最高的商業機密。6 世紀，羅馬人認識絲綢已經 700 年了，但仍然沒有辦法在本地生產絲綢。相傳，為了打破中國人對絲綢業的壟斷，東羅馬帝國皇帝查士丁尼，派兩名僧人來到中國的西部地區，竊取了相當數量的蠶種，並將牠們放在桑樹上飼養獲得成功。

植物的傳播看似波瀾不驚，實則跨越了萬水千山。

桑樹傳入意大利的確切時間已無從考證，但是在意大利學術界引發了討論，從事東亞史和東南亞史研究的意大利研究人員一直在尋找答案。

在中國白桑到來之前，地中海沿岸已經引進了黑桑，並且用黑桑飼養家蠶。相對於中國白桑，身材高大的黑桑很難修剪成灌木，並且生長緩慢。儘管黑桑的葉子也可以飼養家蠶，但吐出的絲卻質地粗糙。為了發展絲綢織造產業，意大利人選擇從中國引進白桑。隨著白桑一起來到意大利的，還有中國的織造技術。意大利阿貝格（Abegg）絲綢博物館內，收藏著不同時代的紡織設備。

絲綢之路不僅僅讓西方認識了蠶繭，也讓西方了解了處理蠶絲的技術。中國桑樹和織造技術的到來，給意大利絲綢生產帶來了質的飛躍，也深深刺激著英國統治者詹姆斯一世。1608 年，詹姆斯一世要求土地所有者購買並種植 10000 株紅桑，以發展絲織產業。遺憾的是，家蠶不愛吃紅桑的葉子，英國的絲綢產業計劃就此夭折。

在意大利，充足的陽光、四季分明的氣候，讓中國白桑迅速適應並喜歡上了這裏的環境。它們的命運也由此與一個家族、一個時代緊密相連。

美第奇家族是佛羅倫薩的名門望族，通過為絲綢生產者提供資金，美第奇家族逐漸壟斷了從原料供應到製造、銷售的絲綢產業鏈。從絲綢貿易中積累了大量財富，一代代的美第奇家族成員對文學家和藝術家進行贊助，成為意大利文藝復興時期的推動者之一。由此，也可以這樣說，被後人廣泛讚譽的文藝復興，其中也有一片葉子和一隻昆蟲的功勞。

如今的意大利已經放棄了種桑養蠶，只保留了紡織和印染技術，這種技術讓絲綢依然保持著高貴的身份。

不同質地、花色的絲綢面料，在設計師和印染工人的合作下，共同創造出華美的生命力。而生產面料的絲線，依然來自絲綢的故鄉——中國。

中國到意大利不過十多個小時的航程，承載的卻是從一片桑葉到頂級時尚的距離，而背後的支撐力量依然是那一片葉子和那一隻昆蟲。

這是一幅 16 世紀創作的油畫,主人公是意大利佩夏市的富翁弗朗切斯科,彭維奇尼,他在
1435 年將中國白桑引入佩夏市,桑樹為當地帶來了大量的財富。在畫中,他手裏拿的便是一
株白桑。

桑樹的秘密武器：彈射裝置

動物通過生兒育女來延續香火，植物通過開花結果繁衍後代。植物豔麗的花朵、芬芳的氣味能夠吸引動物為它授粉，但桑樹卻無法用外表向傳粉者推銷自己。

春天的桑園裏瀰漫著浪漫的氣息，滿樹綻放的雄花已經整裝待發，每朵雄花的花軸上都裝滿了上百萬的花粉。花粉是精子的載體，得不到傳粉昆蟲的青睞，桑樹花粉只能以數量來彌補大海撈針般的授粉機會。

但僅有花粉是不夠的，還要有雌花。

桑樹雌花。　桑樹雄花。

視線所及之處，看不到任何異性的身影。眨眼之間，它們就可能錯過一年中唯一的機會。

　　遠處的雌花已在焦急等待。為了迎接花粉，柱頭上的絨毛已經全部張開，以增加在風中捕捉花粉的機會。等到一陣微風吹過，桑林裏立刻騷動起來。小碗狀的花苞瞬間炸開，將花粉彈射出去。這是一次雄性威力的集中爆發，也是一場關乎後代的生存競爭。藉助風力，花粉可以在空氣中飄出 200 米，甚至更遠。

　　桑樹的花粉為什麼會擁有如此神奇的飛行速度，這一直是個謎。一項針對桑樹花粉的實驗，為人們揭開了謎底。

　　要想飛得遠就要有特別的裝備。松樹花粉憑藉兩個完美的氣囊，可以飄到千里之外，然而桑樹花粉並不具備這種優勢。它另闢蹊徑，強大的彈射裝置，是桑樹為繁衍後代演化出的秘密武器。

　　據研究人員計算，桑樹雄花的彈粉速度能夠達到每秒 200 米以上，僅次於手槍子彈出膛的速度。只有藉助高速攝影機，將速度放慢 40 倍，人們才能清晰地看到花粉彈射的奇妙瞬間。

　　一場關乎後代繁衍的大事眨眼間就已完成，微風拂過的桑園彷彿什麼都沒有發生。

　　幸運的花粉落在雌花柱頭，期待許久的雌花，用柱頭上的絨毛將花粉牢牢鎖住，沿著花柱送入子房，為孕育後代做準備。

　　只要兩週時間，不斷膨脹的子房將雌花撐得豐滿多汁，變成了果實。活躍的花青素沐浴著陽光，刺激果實從青白變成絳紅，最後紅得發紫。

　　春天總是多情而短暫，分別近在眼前。成熟的桑果散落在母樹周圍，回饋大地的滋養。眼下，它們還有一個更加重要的任務——繁育

桑樹的果實──桑葚。

後代。

每一枚桑果由上百個小核果組成，每一個小核果裏面都包裹著一粒種子。成千上萬粒種子聚集在母樹周圍，期待能夠長成大樹。為了達成心願，所有種子都拚盡全力，以完成繁衍後代的終極使命。

5月的吐魯番氣溫迅速上升到 30 ℃以上。火焰山腳下的桑園裏，品種各異的桑果在陽光的驕縱下盡情生長。這是人們在經歷漫長冬季後，迎來的第一批新鮮水果。桑果中豐富的氨基酸、蛋白質和維生素，能夠增強免疫力，為身處荒漠地帶的居民提供豐富的營養。

10 月，樹木感受到來自秋天的氣息，大地呈現出斑斕的色彩。動物以遷徙的方式應對季節變化，而桑樹中一種叫光敏素的化學物質，會及時向牠們發出信號。

樹葉中的色素和營養開始分解，以便將養分儲存起來過冬。隨著葉綠素的消失，樹葉的顏色發生巨大變化。飽經滄桑的桑樹王準確接收到來自大地的訊息，它及時啟動應對機制，回應季節的變換。

寒冷是高原植物的頭號殺手。它必須趕在寒冷到來之前，減少養分傳輸，準備休眠。

一場大雪如期而至，寒冷提前到來。

桑樹王藉著凜冽的寒風，一夜間放飛了所有樹葉。同時關閉營養輸送通道，以度過青藏高原漫長而嚴酷的冬季。

如果人類評選最受尊敬的樹，桑樹應該是入選者。它的入選理由是：誕生在青藏高原，它的出現，為一個文明的文字、詩歌、審美、服飾、時尚等做出諸多貢獻，它在自然狀態下壽命可達千年，在人類干預下，它的壽命是幾十年，它在林奈創立的植物分類學中，是桑樹，桑科，桑屬。

桑樹樹葉中的葉綠素消失，顏色發生變化。

寒冬裏的桑樹王。

第六章

果之命運

大約 6500 萬年前，地球上越來越多的植物開始演化出果實，把種子包藏在果皮裏。果實中心的部分是種子，包裹在種子外面的部分是果肉。果肉不僅能保護種子，還能吸引動物採食和傳播。這個保護結構，對物種繁衍具有重要意義。

人類出現後，又發現了果肉的食用價值。於是，真正意義上的水果誕生了。

馴化與栽培，讓越來越多的野果從自然界走進人類視野，變身成水果。這是一場互利共贏的合作，也是植物界的一次大變革。

　　跨越不同的氣候帶，有著多樣的山川地貌，中國是水果的天堂，是世界上最重要的果樹起源中心之一。中國現有約 700 個果樹物種，約佔世界的一半以上。柑橘就是其中特別的一類。

　　柑橘家族成員眾多，其中的重要種類大都起源於中國。作為世界第一大水果種類，柑橘家族在全球農產品貿易中佔有十分重要的地位。

　　柑橘家族龐大得超乎想象。我們生活中所見到的很多大小不一、

柑橘家族。

柑橘家族的三大元老。

形態各異的水果，比如橘子、檸檬、柚子等，都是柑橘家族的“孩子”。這個家族為什麼有如此眾多的“孩子”呢？

　柑橘家族有三大元老，也就是它們的祖先。第一位元老是香櫞，皮厚肉少，味道酸澀；第二位是橘子，果皮寬鬆，果肉多汁飽滿；第三位元老是柚子，個頭大，果肉呈淡黃色。

　這個家族中的水果，任意兩個都能雜交出新的物種。在自然界中，並非所有植物都具有這樣的能力。柑橘家族卻不受限制，種類因此越來越多。

　早期，橘子和柚子雜交出了橙子，還和另一位元老香櫞雜交出了萊檬和粗檸檬。後來，橙子又和祖先香櫞雜交出了檸檬，和祖先柚子雜交出了葡萄柚。

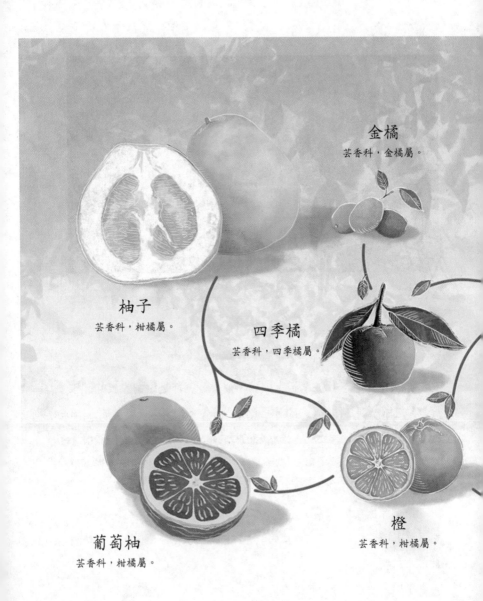

金橘

芸香科，金橘屬。

柚子

芸香科，柑橘屬。

四季橘

芸香科，四季橘屬。

橙

芸香科，柑橘屬。

葡萄柚

芸香科，柑橘屬。

柑橘雜交圖譜。

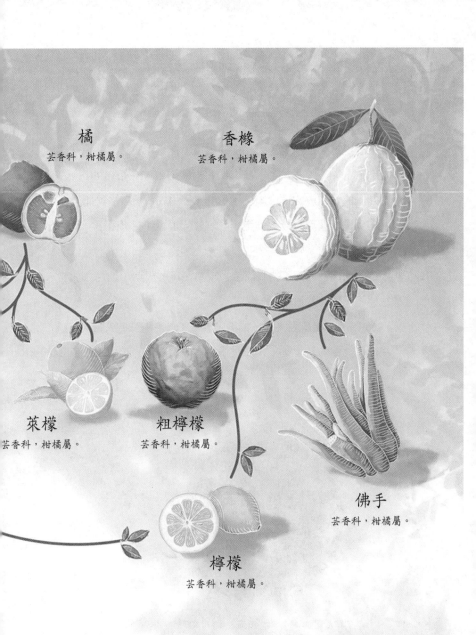

橘

芸香科，柑橘屬。

香橼

芸香科，柑橘屬。

萊檬

芸香科，柑橘屬。

粗檸檬

芸香科，柑橘屬。

佛手

芸香科，柑橘屬。

檸檬

芸香科，柑橘屬。

這場在自然界中不停上演的倫理大戲，讓柑橘家族日益龐大。

為了尋找更深層次的繁衍秘密，人們進入柑橘類水果的細胞層面去探索。

實驗發現，來自兩個不同品種的柑橘，在光學顯微鏡下將它們放大 40 倍後可以看到，去除了細胞壁的兩種細胞，在短短 60 秒內就逐漸融為一體。開放的生命屬性讓柑橘家族的成員很容易就能發生這樣奇妙的反應。而融合後的細胞經過培養，也許就能誕生出一個影響世界的新品種了！

人類的創造力縮短了柑橘家族新成員出現的周期，但在自然界，這往往要等待偶然的機緣。

1820 年，一次基因突變，柑橘家族多了一名特殊的新成員。

在消耗大量的營養後，一棵柑橘樹盛開了白色的花朵。大多數植

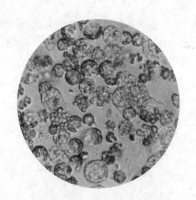

在光學顯微鏡下放大 40 倍，兩種柑橘細胞
在 60 秒內逐漸融合。

物都能通過花朵孕育出種子繁衍後代，然而這棵樹卻十分特殊，它的花朵白期盼了一場，結出的果實只有果肉，沒有種子，它就是臍橙。

無法通過種子繁衍後代，臍橙成了柑橘家族中的孤單後裔。

早在臍橙出現以前，人類就在大自然的啟發下，發明了一種手術。把兩棵不同的樹連接在一起，自然癒合長成一體，哺育出新的生命，這就是嫁接。

1870 年，人們用 "嫁接" 拯救了臍橙，讓它沒有種子也得以繁衍。通過嫁接，人們的口腹之慾得到了滿足，而臍橙的命運也被徹

臍橙花朵。

臍橙。

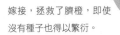

嫁接，拯救了臍橙，即使沒有種子也得以繁衍。

底改變。藉助人類的慾望，臍橙得以在地球上繁衍生息。

柑橘，曾經在中國人的精神生活中扮演了非常重要的角色。

2000多年前，屈原寫下了《橘頌》：后皇嘉樹，橘徠服兮。受命不遷，生南國兮……讚揚橘樹這棵天地間最美好的樹，讚揚它的獨立不遷，品性高潔。在那時，它曾是中國人的精神圖騰。

一路向西傳播，香櫞在以色列被猶太人當成神的象徵。公元1471年，柑橘類果樹傳入葡萄牙，開始在地中海沿岸種植。

法國國王路易十四迷戀橙子的味道，把它種滿了凡爾賽宮。

大航海時代，壞血病讓幾十萬水手死亡。但庫克船長的三次遠航，卻沒有一位船員喪生於這種病。庫克船長找到的救星也來自柑橘家族——青檸。後來經研究發現，是青檸裏的維生素C起了作用。正是因為青檸，人們發現了維生素C，也向現代營養學的誕生邁進了一步。

柑橘家族這些形態、顏色各異的果子，用它們千變萬化的滋味，俘獲了人類，滋養了人類。也因為人類，柑橘家族得以更加壯大，成為世界上銷量最大的水果種類。

柑橘園。

青檸：芸香科，柑橘屬。

獼猴桃原產中國，卻在新西蘭成為傳奇

長江流域，是中國植物資源最豐富的區域之一。在這個流域的叢山深處，有一個叫作大老嶺的地方。這裏的野生植物資源古老且特有，曾是植物學家不斷發現新物種的天堂。

100多年前，植物學家威爾遜受英國一家苗圃的委託，沿著三峽峽谷，在叢山深處的大老嶺尋找一種果子。這種果子在南方叫"羊桃"，在北方叫"狗棗"，它就是人們所熟知的獼猴桃。

威爾遜一生共來過中國4次，他用前後近12年的時間，在中國採集了65000多份植物標本，發現了許多新物種，並成功地將1500多種原產中國的園藝植物、經濟植物引種到歐美各地。

在這片叢林中，隨時都有毒蟲、毒蛇、野獸出沒，威爾遜冒著生命危險進入這個未知的區域，只為了發現植物，並將它們採集引種。

人類文明的進程中，重要植物的引種馴化常常會驅動社會經濟的發展，甚至改變人類歷史。植物學家能做的最大貢獻莫過於增加一種有用的栽培植物。

威爾遜也許正是為了實現這個心願，才會沿著三峽峽谷，一次次溯流而上。他踏出的每一步在當時都是探索性的。歷經艱難的探索，獼猴桃進入了威爾遜的視野。

獼猴桃。

威爾遜採集的中國植物標本。

獼猴桃是典型的藤本植物。藤本植物莖稈細長，自身不能直立生長，必須依附他物才能向上攀緣。對它們而言，要想在密林深處生存，並非易事。

扎根之後，它就向所有新生藤蔓發出指令。"爬，越高越好。"因為只有攀緣在高大的植物上，它才能搶奪到離天空更近的通道，沐浴到密林中的稀缺資源——陽光。

藤蔓上長出葉子，吸收陽光之後製造"食物"，獼猴桃就能存活下去。而為了尋找更加高大的樹木，爬得更高，獼猴桃有時甚至能在方圓十畝地、相當於一個足球場大小的範圍裏不斷尋找。這樣枝枝蔓蔓，一根藤往往能爬遍一片林子。

生存已經不易，而要想通過開花結果繁衍後代，還需要其他機緣。

獼猴桃精心安排了一場邂逅，它正在等待一個幫手的到來。從拂曉開始，獼猴桃就打開自己的花瓣。要努力幾個小時，它的花瓣才能全部張開。陽光曬乾花蕊的時候，蜜蜂出現了。

獼猴桃是雌雄異株植物，它的雄性植株只有雄蕊，能夠產生花粉。雌性植株雖然既有雌蕊又有雄蕊，但雄蕊只是擺設，產生的花粉沒有繁殖能力。所以，只有當蜜蜂把雄株上雄蕊的花粉傳播到雌蕊的柱頭上，獼猴桃才能有孕育出果實的可能。

100多年前，威爾遜帶著獼猴桃的果實走出山嶺，來到宜昌口岸時，對於獼猴桃的這種繁殖秘密還一無所知。他雖然把獼猴桃的種子寄往了英國和美國，但這些種子培育出的獼猴桃恰巧全是雄株，無法結出果實。就這樣，獼猴桃首次邁向世界的遠征以失敗而告終。

在宜昌口岸，獼猴桃注定會有一次生命的奇遇。在這裏，獼猴桃

獼猴桃雄花。　　　　　　　　　　獼猴桃雌花。

遇到了新西蘭女教師伊莎貝爾。

　　當時在宜昌生活著幾十名外國人，其中有西方領事、海關人員、商人和傳教士，形成了一個相對緊密的圈子。《洋人舊事》的作者李明義經調查發現，威爾遜當時很可能就住在英國領事館，而探訪妹妹的伊莎貝爾則住在蘇格蘭福音會，兩地僅距五六十米。威爾遜從山嶺裏回來以後，就把獼猴桃的果子分給大家吃，分享他的採集成果。

　　威爾遜與伊莎貝爾相遇，兩個人在時空上的短暫重疊，給了獼猴桃這個物種改變命運的機遇。後來，伊莎貝爾帶著獼猴桃種子回到了新西蘭。

　　這種原本藏在大山深處的野果，又迎來了一次改變命運的機會。獼猴桃跨越赤道來到陌生的南半球，但曾經在歐美大陸上遭遇的失敗，會不會在這裏重新上演呢？

　　1904 年，伊莎貝爾將一把種子交給了當地果農種植，獼猴桃被

"收養"了。幸運的是，新西蘭對獼猴桃來說是一個再合適不過的"搖籃"。這裏冬季無連續低溫，春季沒有霜降。更重要的是，這裏的土壤足夠疏鬆透氣，正好符合它的生存需求。

1910 年，在新西蘭旺加努伊的一個果園中，這個被叫作"中國鵝莓"的藤本植物終於結出了果實。此時，它已經來到新西蘭 6 年了。第一次，獼猴桃在中國以外的地區開花結果，它終於在南半球迎來了自己的新生。而這一切都源於那把種子培育出的一株雄株、兩株雌株，幸運眷顧了新西蘭。

一開始，獼猴桃只是在植物愛好者之間傳播，但經過不斷馴化和改良，它有了多層次的酸甜口感。

人類選擇水果時，口感往往是作出判斷的重要依據，這個偏好不僅受基因的控制，還受環境和生活經驗的影響，同一個地域的人往往口味相近。獼猴桃有著如此豐富的口味，如何才能挑選出適合不同人群的種類呢？一場測試開始了。

科學家招募了一批剛到當地、口味還沒改變的消費者。他們謹慎挑選水果樣品進行測試。為了避免人們的偏見，他們用不規律的 3 位數字來標記獼猴桃，並且打亂分發，防止人們憑藉順序猜測優劣。再用顏色變換的燈光，減去色差的影響。所有的試驗樣品都用同樣的方式提供。這麼做的目的只有一個，那就是讓人們避開一切干擾，只基於獼猴桃本身的味道作出判斷。

獼猴桃滿足了新西蘭人對味道的極致追求，然而它早期的果實非常軟，容易腐爛，沒法長途運輸。獼猴桃要想從位於南半球的新西蘭走向其他大陸，就必須解決這個難題，它還會有另一次奇遇嗎？

與威爾遜相遇，獼猴桃被帶出了山嶺。

獨猴桃家族。

與伊莎貝爾相遇，獼猴桃被帶到了新西蘭。

而與另外一個人的相遇，獼猴桃才被帶向了世界。

1928 年，新西蘭人海沃德·懷特在苗圃裏撒下獼猴桃種子，經過他的培育，長出的 40 株獼猴桃居然誕生了一種果形美、口感好、耐儲藏的果子，後來被命名為"海沃德"。

"海沃德"成為最好的獼猴桃品種，也正是由於這個品種的成功，引領了新西蘭獼猴桃產業的成功。

獼猴桃種子的潛能得到充分開發，從此有了乘坐巨輪、運向全球的可能。一直到 2000 年，"海沃德"都是唯一一種能夠遠航的獼猴桃。在新西蘭蒂普基科研果園裏，當年那株"海沃德"的子女如今還在。此前，幾乎所有新西蘭出產的獼猴桃都是 1904 年那把種子的後代。利用人類的慾望與好奇，獼猴桃及時抓住機會，實現了遠征，也實現了自己命運的翻盤。

每年 4 月，新西蘭的獼猴桃進入了收穫季。為了統一管理，果農們早就成立了組織，從品種選育、果園規劃到生產運輸，都有一套科學流程。在對重量、硬度、色澤、乾物質和甜度進行周密檢測後，獼猴桃才被採摘下來，然後遠銷數十個國家和地區。

1904 年，獼猴桃還是個野果；1910 年，它在新西蘭獲得新生，並且有了一個新的名字——"中國鵝莓"；1928 年，它完成一個華麗轉身，成為廣泛種植的水果；1952 年，它首次從新西蘭出口，之後有了一個以新西蘭國鳥命名的名字"Kiwifruit"；如今，它遠銷世界 59 個國家和地區，成為新西蘭的"國果"。

伴隨著一個物種的發現與馴化，誕生了一個水果的產業體系，在某種意義上，獼猴桃甚至改變了一個國家的命運。

　　蘋果，一種平凡卻不普通的水果。它在很多地區被封為水果之王，它的栽培品種有 7500 多種。今天，人們經常吃的蘋果屬於現代蘋果，登陸中國還不到 150 年的歷史。

　　遠古時期，人們如果發現一個香甜的蘋果，會立刻吃了它。因為甜的食物熱量高，能提供更多的能量維持生存。甜，似乎就意味著能填飽肚子。在漫長的演化過程中，對甜的追求被逐漸鐫刻進人類的基因裏。直到現在，甜仍然能引發人們的愉悅心情。

　　又大又紅，又甜又脆，每個果實的口感幾乎一模一樣。在日本出生的紅富士，就最大限度地滿足了人類對於甜蜜的追求。在世界最大的蘋果產地——中國，紅富士成了最受歡迎的品種，70% 的蘋果地

紅富士。

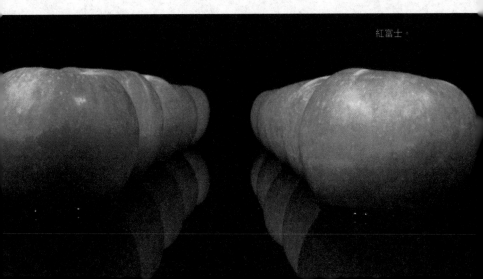

伊犁河谷 600 多歲的 "蘋果王"。

裏種的都是它。

但人類對於滋味的極致追求，卻讓蘋果品種變得越來越單一。對所有物種來說，單一往往意味著風險。那麼，如何化解這種風險呢？

歐亞大陸的腹地，天山山脈的深處，分佈著大片野果林，這裏是蘋果重要的基因寶庫。

數百萬年來，野蘋果樹就在這片土地上繁衍生息。上一個冰河期時，這裏更是它們最後的"避難所"。

野果林裏，"蘋果王"挺立在最高處。如今已經600多歲的它，是這片野果林中年紀最大的一棵果樹。

多年來，眾多動物和菌類在"蘋果王"的身上安家，留下了許多洞和凹槽，但"蘋果王"和它們相安無事。因為在漫長的演化過程中，它們已經學會了和諧相處。豐年時，這

棵 "蘋果王" 依然可以產果 600 多斤。

世界上沒有兩片相同的葉子，這句話放在蘋果上更準確，蘋果的每一粒種子都含有一套全新的、完全不同的遺傳結構，能夠長出不一樣的果樹。"蘋果王" 腳下的王國裏，生長著大片的蘋果樹，它們千姿百態，每一棵都與眾不同，這種多樣性正是野蘋果生命力的體現。

獼猴桃就是典型的藤本植物。1993 年，天山腳下，人們嫁接了內地帶來的、未經檢疫的蘋果樹枝，這種叫作小吉丁蟲的傢伙也跟隨而來。它的突然入侵打破了整片野蘋果林原有的生態平衡。野蘋果樹猝不及防，還沒來得及建立起任何防禦機制，這種蟲子已經通過快速繁殖，形成了種群。

"蘋果王" 站在高處，躲過了小吉丁蟲的迫害。但山腳下，它的同伴卻沒有那麼幸運，絕大多數的野蘋果樹正在乾枯或死亡，蘋果王國正在坍塌。蘋果基因的多樣性，這份大自然的饋贈因為人們的疏忽而岌岌可危。

好在中國的科學界已經發現了這個問題的嚴重性，他們正在和小吉丁蟲展開競賽，想辦法解決這個難題。植物學家幾乎每年都要來這片野果林採樣，調查野蘋果的生存狀況。他們利用新疆野蘋果的基因，培育出了全紅果肉等各種各樣的蘋果，幫助蘋果王國重建家園。

現在，雖然有了人類的幫助，但要想在這個星球上生存下去，蘋果還得自己變強大。因為這場有關生存的攻防戰永遠沒有盡頭。而野蘋果林，就是人類思考如何和植物相處的救贖之地，也是人和自然和諧相處的新起點。

桃，在中國文化裏是一種特殊的水果。

它兼具了實用主義與神仙靈氣。中國歷史上關於桃的傳說以及典故數不勝數：夸父死後變為桃林，王母娘娘開蟠桃盛會，劉關張桃園三結義，東晉陶淵明更構思出"世外桃源"這樣的精神家園……

然而桃的故鄉，是在一個遙遠的地方——喜馬拉雅山脈最東端的南迦巴瓦峰，常年積雪，它的腳下流淌著中國海拔最高的河流——雅魯藏布江，雅魯藏布江給這個寒冷的地方留下了一條水汽通道，也給生命留下了機會。數億年前古冰川從這裏退卻時，留下了一個個冰磧丘陵。在這個環境裏，成片出現的就只有這種植物。它就是桃的祖先，它的名字叫光核桃。

背靠昂揚的高山，腳下是清澈的河流，具有極強生命力的光核桃在這個家感受著澎湃與豪邁，生長得壯麗又狂野。

為了適應這種高海拔、低溫、低氧的生存環境，光核桃盡量把能量消耗降到最低水平，維持這種低消耗的狀態，才能夠儲蓄能量早日開花。

光核桃的花粉形態簡單，在光學顯微鏡下，將花粉放大 100 倍後可以看到平行狀條紋，這就是光核桃原始性的證明。

光核桃：

薔薇科，桃屬。

在短短的花期裏，光核桃必須抓緊時間散發花粉才能有繁衍後代的可能。在這樣寒冷的環境中，很少有其他動物可以幫它傳粉，光核桃能做的，唯有努力綻放花苞，靜待風的到來。只要能抓住風創造的生命機遇，它就能擁有繁衍下去的可能。

在西藏，光核桃被當地藏民看作"高原神樹"。他們從不修剪，更不打擾，任由光核桃在田間地頭自由生長，因為光核桃比他們更早來到這片土地，這是一種對生命的尊敬。這裏最年長的一棵樹，有

編號為 138 號的光核桃樹。通過對這棵樹進行採樣和基因測序，植物學家證明了光核桃是普通桃的祖先。

700 多年的樹齡，這種旺盛的生命力，更是一種偉大的象徵。它看到過生，看到過死。經歷過戰火的洗禮，感受過秩序的重建。不論繁華還是寂滅，光核桃都靜靜地站在這裏，陪伴著人們。

相伴的歲月裏，人們從光核桃中挑選那些味道甜美的帶下高原。伴隨著人們的足跡，它的身影也遍佈大江南北。隨著被馴化，光核桃的果實——桃子變得多汁，果肉也越來越厚。同時，桃核也從表面光滑變得溝壑縱橫。從光核桃到普通桃，這些桃核印證了桃的馴化

桃花。

桃樹

足跡。

　　桃有著極強的生命力，在漫長的發展歷程中，它成了適應性極強的一種水果。從遠古時代起，桃就和中國的先民相遇，被賦予越來越豐富的內涵。它的 2000 多種成分都是利於人類吸收的，有著"桃養人"的傳說。

　　在融入中國人的生活後，桃更成為人們精神上的寄託。沒有哪個國度的人像中國人那樣熱愛它、歌頌它。桃聯結起人與自然，它極強的生命力讓人們尊重，它天然的美讓人們嚮往，它成為人們通往精神世界的引路者。

　　關於桃的詩：

詩經·周南·桃夭

（節選）

桃之夭夭，灼灼其華。

之子于歸，宜其室家。

題都城南莊

唐·崔護

去年今日此門中，人面桃花相映紅。

人面不知何處去，桃花依舊笑春風。

大林寺桃花

唐·白居易

人間四月芳菲盡，山寺桃花始盛開。
長恨春歸無覓處，不知轉入此中來。

贈從弟南平太守之遙二首

唐·李白

謫官桃源去，尋花幾處行？
秦人如舊識，出戶笑相迎。

植物的「諾亞方舟」

國家作物種質庫是植物的另一個家，在這裏，植物的種子可以安然沉睡。

20 世紀 80 年代，帶著該如何與自然相處的擔憂，人們為植物的種子建起了這個家。這個寄託人類希望的"諾亞方舟"，可以讓物種在面臨戰爭、洪水、火災、瘟疫等威脅時，多一份生存下去的可能。如今，這裏收集了 43.5 萬份各類珍稀種子，它們都儲存在-18 ℃的大冷庫裏。

果樹則有著特殊的儲存方式。比如蘋果，科學家會處理蘋果的休眠芽，也就是春天來臨之前，包裹在枝條裏的小嫩芽。此刻，它們還保持著生命力。這些休眠芽將被放進-196 ℃的液氮罐裏。在超低溫的環境中，它們消耗最低極限的能量，就可以維持生命。

這裏保存的植物，是屬於全人類的財富。在大自然的萬千植物中，人類已經發現和馴化了約 700 多個果樹樹種，這些果樹樹種有近一半在中國，它們滋養了人類，也拓展了人類的味覺體驗。

伴隨著人類對植物的無盡探索，對美味的無限追求，越來越多的植物寶藏將被挖掘和發現。人類和植物，正是在這種相處方式中互相影響、互相塑造。

蘋果休眠芽。

國家作物種質庫。

第七章

大豆
奇跡

中國有地球最原始的生命面貌，數以億萬計
的動物、植物在這片土地上生生不息。其
中，有一種植物非常特殊，它富含蛋白質，
這也決定了它的命運。

它成就了"中原有菽，庶民採之"的景象。
它從唐朝出發，在這個星球一路遷徙，讓植
物、動物、人類成為一個共同體。它外表樸
素，卻是自然賜予人類的寶貴財富。它在林
奈創立的植物分類學中，是竹子。禾本科，
竹亞科。

大豆，是大地的奇跡，也是心靈的故鄉。

從野生大豆到栽培大豆

中國人與大豆的情感，延續了數千年。《詩經》中"中原有菽，庶民採之"所說的"菽"指的就是大豆，也被稱為黃豆。大量的古代文獻證明，大豆起源於中國。世界各國栽培的大豆都是直接或間接由中國傳播出去的。作為中國最重要的糧食作物之一，大豆已有幾千年的栽培歷史。

如今，大豆和人類的生活越來越密不可分，人類的衣食住行處處都有大豆的影子。而這一切，都是從一粒種子開始的。

8000 多年前，野生大豆第一次和中國先民相遇。它的莖緊緊纏繞在一起，趴在地上或纏繞在粗壯植物的莖稈上。在大自然中，它是一種看起來很低調的植物。

它用一整年的低調來等待秋天。這個季節，它的孩子已經在豆莢中孕育成熟。它需要想辦法給孩子，也給整個家族爭取最好的未來。

如果它的孩子們在它身邊生長，那麼它們勢必會與母親和兄弟姐妹競爭寶貴的光線、養分和生存空間。內訌對於任何家族來說都太過殘忍，作為"母親"，它需要為整個家族的未來考慮。怎樣才能將種子們送到更加開闊、競爭較少的地方去呢？

野大豆這種低調的植物，為了繁衍，爆發出了巨大的能量。它能用豆莢的爆裂，將一粒粒種子彈射到兩米到五米之外。

　　年復一年，在大自然的一角，野大豆都在低調中爆發。2 米、5 米，一步一個腳印地向前邁進，拓展家族的生存空間。如果將時間線拉得足夠長，野大豆能靠自己的力量，行走幾百甚至上千公里。但是，種群的延續不僅僅是彈射種子這麼簡單。母親用盡力量將孩子們送到遠處之後，孩子們要學會靠自己的力量，在殘酷的自然中生存下來。

　　對於稚嫩的幼苗來說，自然界中的一點風雲突變都可能帶來致命

野大豆：
豆科，大豆屬。
種的分佈中心和分化中心
都在中國。

大豆破土而出。

的損傷。鳥類和其他動物也能輕而易舉地終結它們的性命，豆莢外面的世界並不那麼美好。

野大豆的種子們學會了休眠。它們並不急著嶄露頭角，在土壤中韜光養晦，等待最好的時機萌發。這個等待可能是一年、兩年，也可能是數十年。

生存是野大豆在演化過程中最重要的考量，直到它遇到了人類。人類能在短時間內帶領大豆越過山巒阻礙，佔據更多的土地，但是大豆需要先學會妥協。妥協的第一步，就是停止彈射種子。豆莢從種子的發射塔變成了人類的藏寶箱。大豆種子如今靜靜地待在豆莢中，等待被人類收穫。當然，人類還想要更多。

人類不希望大豆繼續匍匐在地，低調地生長。人類希望大豆能夠站起來，佔據更少的平面空間，並將豆莢高高地暴露出來，方便人類的識別和收割。大豆就這樣站了起來，如今的大豆田，彷彿摩天大樓

大豆：
豆科，大豆屬。
原產中國，各地均有種植。

林立的都市，它高調的背後是人類的保護和扶持。

　　大豆是一種樸實的植物，喜愛大豆的人也是如此。1990 年，黑龍江遜克縣的農民王莉媛在採山貨時，偶然發現了東北的野大豆，其多樣的顏色、無限生長的特性，以及眾多的果實品種，給她留下了深刻的印象。王莉媛冒出一個想法：能不能把野生大豆進行人工培育，育成一種早熟、高產、抗逆性好的優良大豆品種呢？有了這個想法後，王莉媛下決心實現野生大豆的人工栽培。一開始女兒不支持母親

大豆田。

的試驗，因為採集到的野大豆特別小，培育成功顯然是一件很渺茫的事，而且培育試驗距離農民的生活太過遙遠。但王莉媛覺得，人活一生要活得有意義，得給後人、給這個世界留下點什麼。

王莉媛想到了一個辦法：在每兩顆野大豆中間種一顆栽培大豆，讓它們相互影響，每年收穫的時候，都把最大的種子挑出來，第二年再繼續播種。就這樣，豆子一年比一年長得好，到後期野生大豆的後代慢慢跟黃豆粒一樣大了，有的種子還會摻雜兩種顏色。在和王莉媛相伴 26 年之後，野大豆給這位老朋友帶來了最好的回報，王莉媛給它們起了兩個名字：野黑 1 號、野褐 1 號。和野生大豆比起來，王莉媛培育出的大豆種子不僅個頭變大了，種子的皮也從厚變薄，而且豆子也會在同一時期發芽成熟了。

2018 年，野黑 1 號和野褐 1 號在王莉媛的家鄉黑龍江省遜克縣試行播種推廣。

在和大豆一樣樸實的王莉媛身上，似乎隱隱地能看到中國古代先民的影子。他們在惡劣的條件下觀察野大豆，並通過長期的定向選擇改良育種，用了幾千年的時間，將野生大豆成功馴化為可以大面積種植收穫的栽培大豆。這是中國古代先民對世界做出的一個巨大貢獻。

第一個將大豆帶出國門的，是唐代高僧鑒真和尚。

742 年，鑒真和尚從揚州出發，先後 5 次渡海失敗，在第 5 次東渡的時候，他甚至失去了自己的大弟子和邀請他到日本傳教的留學僧，鑒真也因積勞成疾，雙目失明。那時，所有人都認為他會放棄。他卻說："中國和日本乃佛法有緣之國，為是法事也，何惜生命！" 753 年，鑒真和尚 66 歲那年，第 6 次離開揚州，終於穿越颱風惡浪，於次年 1 月抵達日本。

經過 6 次東渡才最終成功，鑒真因而格外珍惜這次機會，他不僅傳播佛法，還給日本帶來了另一個禮物——豆腐。

李時珍在《本草綱目》中寫道："豆腐法，始於漢淮南王劉安。" 到唐代時，豆腐已是僧侶的日常食品，許多豆腐製品被稱為 "素肉"。鑒真在日本期間，不僅在他居住的寺院製作豆腐，供養四方僧眾，還通過佛門傳至民間。因此，日本將鑒真尊為豆腐業的 "鼻祖"。直到現在，鑒真依舊備受日本人的尊重和崇拜。

因為鑒真，大豆從中國流傳到日本。一顆顆小小的種子日復一日、年復一年，在日本生根發芽，經過一代代人的傳承，大豆成為日本人生活中不可或缺的食物。

大豆與豆腐。

日本京都有一家豆腐店——株式會社服部食品，如今的經營者已是第三代傳人，名叫服部一夫。在江戶時代，也就是服部一夫爺爺那個時代，服部豆腐被當地著名的寺廟南禪寺選中。一直到現在，都是服部製作專供寺廟僧人食用的豆腐。因此，服部一夫更加有了一種責任感。

有著 100 多年歷史的服部豆腐一直真誠地研究豆腐的製作工藝，他們要努力在這塊土地上，通過自然的方式，安靜地把豆腐做好。服部豆腐採用的是北海道的大豆，北海道氣候寒冷，土壤比較適合大豆生長。在寒冷的情況下培育出來的大豆，口感特別好。而如何把大豆的甘美充分提取出來，也成為服部一夫豆腐店追求的信條。

滷水豆腐，是服部豆腐三代人一直不懈追求的目標：把大豆浸水並碾碎，然後加水進行過濾，濾出的是牛奶般的豆漿。趁著豆乳還保持著它的香味，用苦汁使它凝固，大豆的香味就會得以保留。與使用現代工藝製作豆腐相比，滷水豆腐製作既費時又費力。但是，服部一夫從來沒有放棄祖祖輩輩傳下來的手藝。不管時光如何流逝，時代如何變遷，他始終遵循著祖訓，專注於把滷水豆腐做好。他認為，既然他的工作是加工大豆製成豆腐，就一定要把大豆的美味充分利用好，不然會對不起大豆。

日本人凡事精益求精的匠人品質，在服部豆腐上體現得淋漓盡致。這種認真堅守的精氣神，使得服部能夠持續 100 多年，依舊保持著自己的口碑和品質。

大豆到了日本，也被製作成各種各樣的家常料理：豆腐、納豆、醬油、味噌湯。媽媽手熬味噌湯的味道，是每一個日本人心靈的寄託。每個家庭的味噌湯，都有每個家庭獨特的味道。這跟母親的出生地也有關，比如京都的味噌和名古屋的味噌就不一樣，這種"媽媽的味道"會讓人很懷念。

對於服部一家來說，豆腐已成為一種精神料理。他們深知，食物也是有靈性的，可以給人安全感和幸福，可以治癒一切。

大豆是來自大自然的恩賜，只有善待它，才會被之善待。隨著遷徙的腳步，大豆從原產地中國來到了日本，實現了不一樣的轉身，日本人的細膩與執著，成就了大豆現在的模樣。大豆富含蛋白質的特性，也讓自己成為日餐的重要組成部分。

豆腐誕生於公元前兩世紀左右，今天人們用各種語言表達豆腐時，大都仍使用中國漢語的發音，這是中國帶給世界的禮物。

在美國的田納西州，有一個叫馬丁的城市。這裏僅僅有 10000
人口，全市只有一個紅綠燈。然而，每年 9 月的第一個星期，這裏都
會張燈結彩，為一種植物舉辦它的專屬慶典。這裏的人們甚至專門創
作了一首《大豆之歌》：

> 是的，為大豆大聲歡呼三次
>
> 土地的英雄
>
> 從不惹人注意地發芽
>
> 到創造了宏大的生命
>
> 它有上千種用途
>
> 打敗你所見過的所有植物
>
> ……

人們每天使用的很多東西都與大豆有關，他們在大豆節慶祝大豆
的多樣性，稱大豆為魔力豆，彷彿它可以為節日增添魔力。

相比其他州，田納西的大豆節歷史最為悠久。25 年前，當地的
農民自掏腰包為第一次大豆節慶祝。25 年後的大豆節上，有大約

30000 人觀看“大豆選美”，參與“大豆遊行”，為大豆歌唱。在大豆節上，孩子們在津津有味地吃著冰淇淋的同時，學習著大豆的結構和營養成分，觀眾們在欣賞完“大豆選美”後，去體驗最新的大豆收割機械。在這裏，從大到小、從老到少，人們通過這樣的節日來理解大豆。在他們還是孩童時期，腦海中便根植了魔力豆的影子，大豆在這裏被尊重、被依賴，在小孩子心裏不惹人注意地發芽。舉辦大豆節的意義，也在於讓孩子們更多了解大豆的用途，以及農業對於他們、對於整個社區意味著什麼。

這是大豆一年中最濃墨重彩的出場。

這種被人歌頌的待遇，在大豆起初被引進美國時是不可能發生的，它在這片異鄉土地上經歷了曲折離奇的漫長旅程。

清朝乾隆三十年（1765 年），大豆被英國殖民者引進美國來製作醬油。對於 19 世紀的美國人來說，大豆還只是一種來自遠東的陌生植物，被稱為“中國的野豌豆”，因為它既不美觀又不高產，所以在美國並不受人待見。

20 世紀 20 年代，美國大豆協會成立了，再加上美國對豆農的保護政策，人們慢慢提起了種植大豆的興趣。但大豆此時還沒有被端上美國人的餐桌，他們覺得大豆腥味太重，一點也不好吃。但美國人每天食用的肉量不是一個小數目，大豆僅僅作為植物擁有豐富的蛋白質，這讓它成為動物飼料的主要來源。所以在後來相當長的一段時間內，美國的雞、牛、豬、火雞等全靠大豆餵養。大豆提取豆油後得到豆粕，於是禽類養殖業成為豆粕的主要消費者。

美國得天獨厚的優勢幫助大豆進一步提升了它的地位：大面積的平原為大規模的農業機械化提供了條件，先進的生物科技也讓美國得

用豆粕來餵養牛。

以培育出更高產的大豆新品種。人們此時還發現，大豆甚至對他們種植其他作物有幫助。

大豆與棉花、玉米輪種的種植技巧，是由美國一位著名化學家提出的。不同於其他植物在生長時會吸收土壤中的養分，大豆反而讓土壤變得肥沃。因為大豆可以與根瘤菌共生，這種細菌可以把空氣中的氮氣轉化為氮肥，供植物生長。在大豆的種子發芽生根後，根瘤菌從大豆的根毛進入根部，依靠大豆的根吸取碳水化合物、水分等營養存活。與此同時，在大豆的根部形成了具有固氮能力的根瘤。在大豆開花結果時，每個根瘤就像是一座微型氮肥廠，源源不斷地把氮肥輸送給大豆的植株。而在大豆成熟後，它的根、莖、葉和留在土壤裏的

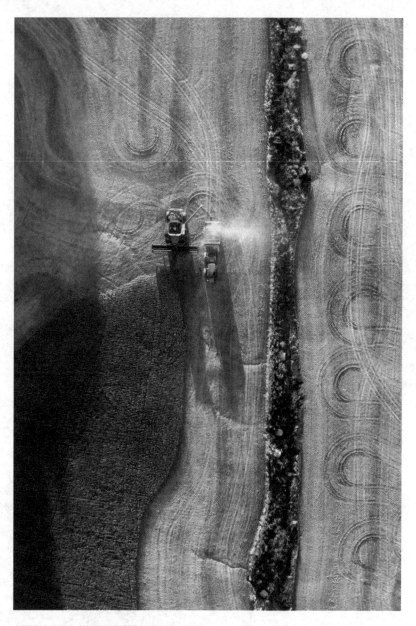

大面積的平原為大規模的農業機械化提供了條件。

根瘤積累的營養物質會歸還給土壤，不僅起到肥田的作用，還避免了使用化肥造成的環境污染。這是大自然給大豆和根瘤菌的恩賜，讓它們在千萬年的演化中共生互利，在最後又能回歸塵土，開始新的生命輪迴。

離大豆初次拜訪美國已經過去 200 多年，它仍是一種平凡無奇的植物，但是已經成為美國的第一大作物。在遠離家鄉的美國，種植大豆的好處逐漸被接納，遼闊的母親河，密西西比河也給大豆的生長提供了最好的土壤，大豆不僅扎了根，它的種植面積也超過了玉米。這個過程靠的不僅是美國豆農們世世代代勤懇的勞作，更得益於每一次科技的應用。大豆，它生命的每一次躍升，都來源於科學的力量。

在無數個實驗室裏，大豆的潛力被公佈於世：豆奶、巧克力、面膜、屋頂、輪胎、新能源 "生物柴油"、泡沫座椅、孕黃酮等藥品……而這些實驗室的研究成果也離不開豆農們的支持，因為他們會將自己種植大豆獲得的一部分收入捐獻給實驗室，讓科學家們有足夠的資金去不斷探尋這顆 "金豆子" 的奧秘。

另外，科技也給豆農們帶來了很多收益。更加精確的土質分析和更加高效的設備，使豆農們的耕作面積比 10 年前更大，他們能耕種更多的大豆了。

與植物相處久了，它能從舌尖走進人的心尖。

大豆、蜜蜂
與人類的共舞

　　大豆在物質上滋養人類，在精神上飽滿人類。同時，人們也在想辦法幫助大豆拓展種群繁衍生存的邊界。中國作為大豆的故鄉，生長著最多的大豆品種。在這裏，另一種力量正在幫助大豆和人類探索未來。

　　大豆能夠孕育出營養豐富的豆子，來自它自身傳宗接代的慾望，和很多植物一樣，大豆也需要通過開花，讓雄蕊產生的花粉和雌蕊接觸，進行受精、孕育後代。和很多植物不同的是，它的受精過程在花朵開放之前就已經完成。

　　大豆花的雄蕊和雌蕊之間距離很近，雄蕊上的花粉粒距離雌蕊只有一步之遙，輕微的震動，就能使花粉落到雌蕊上，完成受精。在自

大豆花。　　　　　　　　　　　　　　　　將大豆花放大 20 倍。

豐富的大豆種類。

然界中，它不需要依賴風或昆蟲幫助傳粉，靠自己的力量就能給自己受精，但是這也讓它錯過了結合不同植株中優勢基因的機會。有了人類的幫助，大豆可以嘗試新的繁衍方式。嘗試兩兩結合，取長補短。但這個構想，實現起來談何容易！

大豆花朵的構造，導致它非常容易接收到自己產生的花粉。一般的大豆品種，同一朵花的花粉傳到同一朵花的雌蕊，就能正常結出果實，要想讓它接受別的植株的花粉，只有一個辦法，就是它本身一粒花粉也不產生。在大自然中，肯定有這樣與眾不同的大豆植株。但是它到底藏在哪裏呢？

孫寰，中國著名的大豆遺傳育種家，中國雜交大豆科學研究的開拓者。他認為，全世界如果第一個能找著這樣的大豆植株，除了中國以外，其他的國家很困難，因為中國大豆品種資源豐富，不管野生大豆還是栽培大豆，想要找到這樣與眾不同的大豆植株，最先找到的可能是中國人。為了不遺漏掉任何一個大豆品種，孫寰廣撒網，南到江蘇，北到吉林，覆蓋了整個中國大豆的品種資源地。

完全出乎孫寰意料的是，就在兩年後，河南的大豆試驗田發現了雄性不育的苗頭。希望似乎來得有些突然，以至於孫寰自己都不敢相信。

幸運的背後，是年復一年的等待。

經歷了反反復復的試驗後，1993 年，孫寰和他的團隊育成了世界上第一個雄性不育的大豆種子，也就是大豆雜交的第一步，讓大豆在中國有了一次重生的機會。

但是，僅僅是讓花朵不產生花粉還遠遠不夠。如何能將別的植株的花粉送來呢？

大豆的花粉非常少，沉重，風傳不了，花開得非常小，不容易接受到花粉。雜交大豆的種子必須藉助外界的力量進行授粉才能結出果實。進行過人工授粉的試驗後，人類發現，可能高估了能夠幫助大豆的程度。人工授粉時，一天一人能幫助 200 個花朵授粉已經是最多的了，即使人們不停地勞作，而大豆的成活率只有 30%～40%。因為人工授粉時在無意中會碰到大豆花的柱頭，柱頭受損之後就會死掉。無論人們如何小心翼翼，大豆的雜交成活率都很低。

　　既然人工授粉不是大豆最喜歡的，人類決定去找一位朋友來幫忙。

工蜂圍在周圍，等待蜂后破繭而出。

早在白堊紀，恐龍生活的時代，蜜蜂的祖先就已經出現在了地球上。曾經在地球上獨霸一方的恐龍後來滅絕了，而蜜蜂家族卻生生不息，至今已有一億多年。

　　蜜蜂並不是唯一的授粉昆蟲，但牠是最好的授粉專家，是所有授粉隊伍中成功率最高的。牠們每秒可以扇動翅膀 230 次，一天在成千上萬朵花之間穿梭，細細的絨毛沾滿了花粉，來往間，就自然而然地完成了授粉工作。在長期的自然選擇和協同演化過程中，開花植物和蜜蜂之間形成了相互依存、互利互惠的合作，從遠古一直延續到今天。

　　蜜蜂通過採食花蜜進行授粉，對大豆沒有損傷，而且效率特別高。位於吉林省公主嶺市的雜交大豆實驗基地，擁有 200 多個網室，每個網室培育一個雜交大豆品種，如果沒有蜜蜂的加入，授粉工作的難度是不可想象的。人和蜜蜂一起工作，並不是要採牠們的蜜，而是和牠們成為夥伴，共同幫助大豆生長。這個過程使得植物、動物、人類，以及這個星球上不斷演化的生命，誰也離不開誰。

　　對人類來說，個體智慧遠遠超過任何一隻蜜蜂，然而論及群體的組織協調性，人類恐怕遠遠不及牠們。

　　每天早晨，大批採蜜蜂出巢前會先派出“偵察蜂”去尋找蜜源。“偵察蜂”一旦發現了有利的採蜜地點或新的優質蜜源植物，就會飛回來通知留在蜂箱裏的採蜜蜂。用什麼方法呢？牠會在蜂巢上跳上一支舞。如果蜜源離蜂巢很近，牠就會跳圓舞；如果距離較遠，牠就會跳搖尾舞，又叫“8 字舞”。

　　蜜蜂的舞蹈是目前科學家所發現的自然界最令人印象深刻的交流方式之一，牠們的舞蹈語言並不亞於人類的語言信息。

蜜蜂被馴化成為大豆花的採蜜者。

　　因為和蜜蜂打過 40 多年交道，在馴化蜜蜂為農作物授粉方面，中國農科院吉林蜜蜂研究所的葛鳳臣和他的團隊有著豐富的經驗，唯獨馴化蜜蜂為雜交大豆授粉這項技術，是國內甚至國際上都沒有的。這件事難住了葛鳳臣。因為大豆不僅蜜少，花粉和花香也少，對蜜蜂的引誘力不夠，所以這項研究課題從一開始就進展緩慢。

　　功夫不負有心人。2012 年，經過 7 年的努力，葛鳳臣帶領他的團隊終於成功研製出了一種引誘劑。從此，雜交大豆身邊又有了一位好朋友。授粉的動物裏只有蜜蜂具有採蜜的專一性，如果附近盛開著某一種花，蜜蜂一旦找到，就會持續不斷地每天只造訪這一種花。而花，也需要授粉者的忠誠。人類通過引誘劑，幫助大豆留住了這位專一的採蜜者，將自己、蜜蜂和大豆結合在了一起。

黃花草木樨。

在中國這片土地，還給雜交大豆留著一份驚喜，只待人類和大豆發現它。

新疆伊犁是一個高溫、乾旱、少雨的地方，天然傳粉昆蟲種類多、數量大，是大豆製種非常理想的地方。當雜交大豆來到這裏的時候，這片田地對大豆的歡迎出乎人類的意料。這裏生長著很多植物，它們都彷彿約好了一般，幫助大豆吸引蜜蜂的注意力，但是又絕對不會搶走大豆的風頭。

在新疆伊犁，駱駝草就是一種非常好的蜜源植被，它開花比大豆要早，所以不存在和大豆搶奪蜂源的問題。還有苦豆子、三葉草以及面積輻射最廣的黃花草木樨，這些植物共同培養了一個昆蟲群體，

東北千畝大豆示範田。

花期一過,授粉昆蟲就能去為大豆服務了。除了這些開花比大豆早的植物,向日葵也像是和它們約好了一般,只在大豆花期過後才開花,絕不和大豆搶奪蜂源。在這裏,大豆甚至不再需要引誘劑的幫助留住蜜蜂。這些當地的植物和大豆一起,與蜜蜂家族建立起了一個和諧的世界。

可能真的是雜交大豆到了產業化的重要時期,老天眷顧他們 30 年的努力,就賜予了他們這樣一塊地方吧。

2018 年,新疆伊犁大豆製種基地獲得豐收,自 2013 年推廣的東北千畝示範田,也開始給農民帶來可觀的經濟收益。這項中國獨有的知識產權技術,使大豆能夠利用更少的土地,給人類帶來更豐富的植物蛋白。在不久的將來，雜交大豆將再次從中國出發，再一次成為影響世界的中國植物。

兩代中國科學家，用最有溫度的方式實現了大豆、蜜蜂和人類的共舞。人類想要獲得更加豐富的油脂和蛋白，離不開大豆；大豆想要佔有這個星球更大的土地面積，也依賴人類的幫助；人類與蜜蜂互為夥伴、互相養育，又共同成就了雜交大豆。在這個密切協作的過程中，植物、動物和人類形成一個共同體，它們互相欣賞、互相感恩，也讓人類重新認識自我，以更加謙卑的態度向這個星球上所有的生命致敬。

目前，國家種質資源庫中儲藏了人工栽培大豆 31039 種，野生大豆 9685 種。

如果人類評選來自大地的英雄，大豆應該是入選者，它的入選理由是，它們從自然的角落走來，為了人類，它們用幾千年的時間學會勇敢站立。它們有紅、白、藍等多種顏色的花朵，它們的根有強大的固氮作用，為土壤提供了營養。它們的果實就是種子，擁有豐富的蛋白質，牛、羊等動物受到它的滋養，人更是離不開它。這些種子，變換著多種姿態哺育人類文明。它們在西方成了人們心中的金豆子，隨著時間的推移，它們更成為一個民族的精神料理。回到中國，它們又交到了新朋友，與人類和蜜蜂共舞。它外表樸素，卻是自然賜予人類的寶貴財富。

中國，是大豆的故鄉，也是它們邁向未來時新的起點。

大豆通過畫筆躍然紙上，大豆的顏色就像秋天的顏色。

繪者：朴鍾慶。

第八章

本草
中國

在地球上，植物提供了人類生存的基礎，它們因為各種特性被人發現，與人產生聯繫。其中，有一類植物因為能夠解決病痛而成為人類關注的重點，它們有個通用的名字 —— 藥用植物。在擁有悠久植物應用歷史的中國，它們還有個獨特的名字 —— 本草。

尚未成熟的銀杏果泛著銀白色的光澤，像杏子一般。到了 8 月，表面乾癟的銀杏果成熟了，這種果子的辨識度比較低。但是一旦看到它的葉子，幾乎所有人都能說出它的名字——銀杏，銀杏葉的扇形形狀是銀杏的完美代言。

銀杏，已經在這個星球上生活了超過 2 億年，銀杏果可能是恐龍當年喜愛的食物，它見證了恐龍的繁榮與消亡，也目睹了人類的出現與崛起。如今，銀杏樹在世界各地都廣有分佈，回望來路，這些銀杏樹都來自同一個地方，它是銀杏的故鄉——中國。

銀杏：銀杏科，銀杏屬。
新鮮的銀杏果。

成熟的銀杏果。

製作成食品的銀杏果。

2 億年前，銀杏曾在北半球廣泛分佈，中國是其中一大區域。它們在這裏生長，在春天到來的時候開枝散葉。大自然在創造植物之初，賦予了銀杏性別。

我們現在看到的植物，雌雄器官大多在同一植株上，花是典型的形式，但是銀杏不一樣，銀杏劃分出雌樹和雄樹，就像人類區分男女性別一樣。銀杏樹的這種性別設計，是為了產生多樣的後代，但是卻沒有照顧到雌雄樹之間傳粉的障礙，雄樹與它的花粉焦急地等待著。花粉的活力只有幾天，要盡快出發去尋找雌樹，而雄樹的花粉只能依靠風力傳播，它們盼望著一場風的過境。

銀杏需要二三十年的時間來達到性成熟，雄樹成熟後，會長出雄球花，此時雌樹也同時形成胚珠，迎接花粉的到來，雌雄器官就這樣被分別安置到兩棵樹上。雄樹和雌樹會根據每年的氣候，幾乎同步完成雌雄器官的生長，傳粉的時間非常短，通常一年只有幾天，容不得差錯。兩棵樹如何穿越空間的分隔走到一起，雙方都做出了巨大的努力。

銀杏枝。

銀杏樹的雄球花。

發育的胚珠 5 倍光學放大。

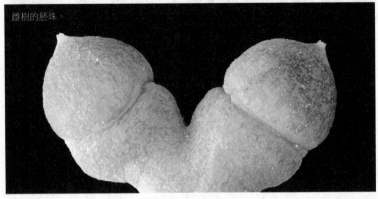

雌樹的胚珠。

　　樹葉的搖擺帶來了好消息，細如粉塵的花粉從小囊中紛紛跳出，搭上風的航帆。為了走得更遠，花粉減輕自己的大小和重量，隨風飄散，最遠能傳播 20 公里。這個距離，普通人步行需要四五個小時才能到達。但即使這樣，風中的花粉遇到剛好能授粉的雌樹，這樣的概率並不大。為了增加概率，一棵中等體形的銀杏雄樹一次能生產出萬億粒花粉，為與雌樹的相遇做好充足準備。

　　為了把握住最佳時機，準確尋找到目標，不讓花粉從面前溜走，雌樹的胚珠頂端生出一個精巧的機制——傳粉滴。這個從胚珠內部生成的具有黏稠性的水滴，是雌樹專門用來捕捉花粉的幫手。胚珠成熟時，傳粉滴從胚珠頂尖伸出，抓捕花粉粒，循環往復，直到將花粉帶

風雨中的銀杏樹。

到胚珠內，便再也不出現。

　　當花粉與胚珠結合的剎那，雄樹擁抱雌樹，這段愛情長跑抵達終點。

　　然而，一場突如其來的大雨都有可能讓這場追尋愛情的旅途中斷，即使一棵成年雄樹能產生萬億粒花粉，連續的雨水也足以讓它絕望。風的不可靠性加大了繁衍的時間成本，銀杏該如何面對大自然的磨難，它選擇了默默等待。

　　銀杏的根為這種等待發展出了強大的支持。在浙江省天目山生活著一棵著名的"五代同堂"古銀杏樹，它至今仍枝繁葉茂，果實纍纍，堪稱歷經滄桑而幸存的活化石。這棵五代同堂的古銀杏樹，看起來樹幹像是互相獨立，老銀杏樹的根部周圍會不斷生長出一些新的枝幹，當年老的枝幹已經蒼老，另一邊卻還是生機勃勃。此樹一樹成林，相互偎依，但其實它們共享著同一個根系，擁有相同的基因。此時，看上去它們不再是一棵孤獨的樹，而更像一個彼此支撐的大家庭。

銀杏把自己活成了一個團體，小苗的新陳更替為銀杏附加了幾倍的生命時間。而對於老樹來說，等待著小苗的長大有些艱難，但老樹仍然沒有放棄。在它殘破的身體上懸掛著一些凸起的瘤狀物，預示著某種轉機，這種瘤狀物便是樹瘤。樹瘤這種木質組織，沒有像樹幹一樣向上生長，反而向地面俯衝。在古老的銀杏樹幹上，它們向死而生觸碰到地面，從樹幹逆向生長出根系，再重新開枝散葉。

　　銀杏葉則完成了銀杏最後的全副武裝，它們的體內演化出多種讓動物們忌憚的有毒物質。

　　千百年後，銀杏葉這些隱藏的化學物質被人們發現，這些化學物質的種類達 170 多種，人們將它們從銀杏葉中分離出來，添進不同的藥物中。

　　銀杏成為德國、法國、美國銷量最高的本草，而對銀杏自己來說，這些物質只為保全葉子的完整，以提供最大的能量合成面積。

　　秋天到來，銀杏為抵抗寒冬抖落一身的葉子，這些葉子為銀杏每年的生長做出了全部努力。動用身上所有組織延長生命的銀杏，打敗了時間與距離的障礙，有了充足的機會去繁衍後代，這種情況延續了近 1.6 億年。

　　直到第四次冰川時期，寒冷籠罩全球，銀杏在世界範圍內大面積滅絕，銀杏的近親幾乎無一幸免。中國的群山峻嶺有效地阻擋了寒流的襲擊，保護這一片銀杏遺留了下來。但是此時的銀杏，整個家族受到了重創，直到華夏民族在這片土地上出現，發現銀杏果不僅能食用，而且在咳喘時能有效改善病痛，銀杏開始在房前屋後被種植開來，這及時拯救了冰川世紀之後銀杏脆弱的命運。在人類的幫助下，中國幸存的那些銀杏樹如今重新遍佈世界，銀杏家族的命運才真正得

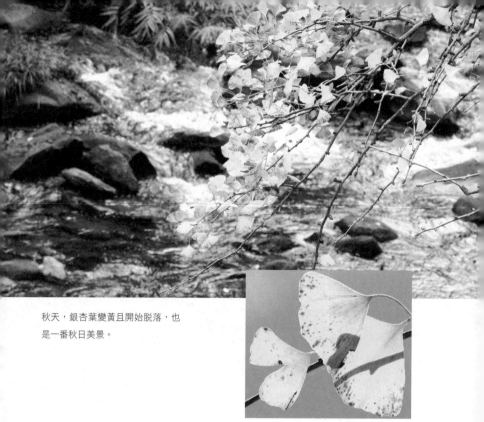

秋天，銀杏葉變黃且開始脫落，也
是一番秋日美景。

到紓解。

　　當銀杏從中國傳入日本時，隨之傳入的還有種植和食用銀杏果的
傳統。在日本的祖父江町，保留著許多古老的銀杏果園。這裏的銀杏
樹是一種嫁接形成的矮化樹，方便人們採摘。食用成了日本利用銀杏
果的主流方式，這種方式在中國有悠長的歷史。事實上，早在宋代，
銀杏果就被列為皇家貢品。

　　當我們站立在蒼勁的古銀杏樹下，審視自己短暫的存在，或許能
更好地體會“小知不及大知，小年不及大年”的深意，重新理解生命
的尺度與內涵。

塔黃：一生只開一次花的「高原寶塔」

在海拔 4000 多米的喜馬拉雅橫斷山冰緣地帶，接近雪線的這裏環境惡劣，植物逐漸趨於絕跡，即使貼伏在地上的草甸，也在某一位置拒絕向前。在強紫外線、嚴寒、狂風等極端氣候的摧殘下，生長在這裏的植物大都植株矮小，緊緊地貼伏在地面上。

塔黃生境。

塔黃：蓼科，大黃屬。

　　塔黃，似乎在挑戰自然法則。為了避免與其他植物競爭，塔黃選擇離開草甸，到更加嚴酷的流石灘上生活。這是高山草甸和雪線之間一片近乎荒蕪的地帶。

　　開花之前的塔黃是樸素的，為了避免動物的啃食，它把自己的葉子裝扮成紅色，顯得營養不良的樣子。塔黃很多年都保持著一副低調的模樣，而這實際上是在為繁盛的那一刻默默準備著。

　　貧瘠的土地上，它需要更多的積累才足以支撐花期的消耗，積累的時間可以從 10 年持續到 45 年。塔黃一生只有一次開花的機會，然後便會死去，它要把握好時機。當塔黃感知到氣候較為合適，它才會放手一搏。

幼苗期的塔黃。

　　選擇開花的塔黃，在夏初的數十天內，迅速長出高達 2 米的花序。花序外面裹著層層疊疊的黃色苞片，底下是蓮座樣的葉，遠望像一座金黃色的寶塔，坐落在荒涼的流石灘上，塔黃的名字也由此而來。

　　然而，傳粉的時間短暫且困難，在高山極端環境下，昆蟲是搶手的資源，塔黃選擇了和一種叫遲眼蕈蚊的昆蟲合作，這個組合拯救了高山上兩個種族的命運。為了邀請這位合作夥伴，塔黃使出了渾身解數。

　　塔黃的花朵會散發出一種特殊的氣味，引導雌雄蕈蚊們來到這裏。牠們在苞片上互相熟悉，尋找心儀的另一半，完成交配。塔黃不

塔黃花朵的子房。

僅讓蕈蚊找到了愛情，還用身體為牠們搭建了一個家。

荒涼的流石灘讓雌蕈蚊無法產卵，塔黃苞片內成了目之所及最溫暖的育兒室。這些半透明的苞片層層疊疊形成了一個個溫室，這些溫室不僅保護著嬌嫩的花朵，而且給昆蟲們提供了休憩的場所。雌蕈蚊鑽進苞片，將卵產在塔黃花朵的子房內。塔黃步步為營，渴望的就是這個結果，因為雌蕈蚊在尋找產卵地的過程中，會用身體沾上花粉傳給柱頭，幫助塔黃完成傳粉。

塔黃為了未來繼續有蕈蚊為其他同伴傳粉，不惜貢獻出自己的一部分種子給蕈蚊的幼蟲，讓它們在最脆弱的時候可以依靠種子為生。

當幼蟲發育完成之時，塔黃的種子也已成熟，塔黃的生命接近尾聲，高原的寒冬即將到來，幼蟲感受到這些枯黃的葉子再也無法保護牠，鑽進石縫尋找新的庇護，以度過漫長的冬天，等待明年花開時再與塔黃相聚，塔黃與蕈蚊彼此完成了生命的整個循環。

塔黃的巨大花序使它成為這裏最高的植物，這個花序耗盡了塔黃這一生積累的能量，但卻是值得的。它為塔黃回報了 7000~16000 粒種子，其中約三分之一的種子與蕈蚊分享，更多的種子隨風散落。

塔黃依靠這種互利共生的關係在極端環境中頑強生存，並且世世代代以這種方式繁衍下來。如果不是藏族同胞發現了它可治病的秘密，並將它寫入《藏本草》，它依然會獨自屹立在這人跡罕至的世界一巔。

今天的高原上，塔黃雄壯的身影已經難覓，我們至今無法人工繁殖包含塔黃在內的一眾本草，它們並沒有因為藥用價值而得到益處，人類的採集反而讓它們的生存更加艱難。

因為人類，本草的命運受到一次又一次的考驗。

葷蚊的幼蟲。

塔黃凋謝了。

裸露的岩石間像是生命的絕境，然而一種珍稀的本草卻特意挑選此處棲居，它是石斛。

雖然野生石斛生長在懸崖峭壁上，但由於野生鐵皮石斛稀有、貴重，很久以前，就有人專以採摘石斛為生，並祖祖輩輩傳承下來。

每年的 6 月，是石斛的花季，在高高的石頭上，開著花的石斛相

石斛：蘭科，石斛屬。

對來說更容易被人們發現。採藥人會沿著山脈從福建到江西、廣東到廣西，還有浙江和湖南等有丹霞地貌的地方去採集石斛，路途很艱苦，也很危險。

在峭壁生長，並非一個容易的選擇，但是這裏可以幫石斛避開叢林裏的資源搶奪戰。陽光是叢林植物爭搶的熱門資源。這些植物為了得到陽光相互傾軋，爭奪領地。為了獲得更多的生存機會，石斛千方百計爬上了高聳的崖壁和樹幹。

這裏雖然陽光充足，但沒有土壤，嚴重缺少水分和營養。想要在這裏生存下去並不容易，為此，石斛進化出強大的根系。

石斛的根沒有根毛，高度特化，在沒有土壤的環境下，石斛選擇了直接從空氣中吸收水分。它伸出一部分根裸露在空氣中，這些根的任務不是固定植株，而是吸收空氣中的水供給自己生長。

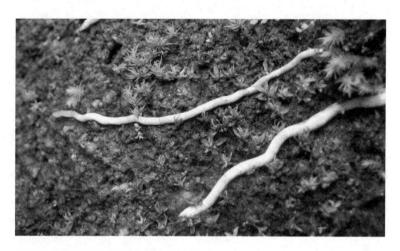

石斛的根裸露在空氣中，用來吸收空氣中的水分。

而為了解決營養的問題，石斛找到了一個合作的夥伴，它們是附著在根上的真菌。這些根菌能為石斛固定空氣中的氮，還能分解石塊上的動植物殘體，為石斛提供生長所需的營養物質。作為回報，石斛則通過光合作用為根菌提供能量。

　　在一塊之前沒有石斛的石頭上種植石斛死亡率會很高，一旦有石斛在這裏成活了，那麼這裏已經有了共生真菌，再在這塊石頭上種植就比較容易成活了。不僅如此，真菌甚至為石斛的生命提供了起點。一棵石斛果最多能結出十幾萬粒種子，果實成熟後，莢片裂開，細如粉塵的種子隨風飄揚，最高可與飛機並肩，這也是石斛能輕鬆爬到懸崖峭壁上的原因。但石斛細小的種子，有一個致命的缺陷。它的種子沒有胚乳，無法依靠自己的力量發芽。它需要共生真菌的幫助，才能獲得發芽。

　　在野外，只有極少數的種子能夠幸運地得到共生真菌的協助，生根發芽，長出苗壯的莖稈。相比於三五個小葉片，石斛粗壯的莖稈才是整個植株的主體。然而，當夏天的陽光直射崖壁時，氣溫常常很高，為了保護身體的主幹，石斛會產生大量的多糖類物質，增加體液黏稠度，鎖住水分，這讓它即使身處炎熱的石壁也能傲然挺立。這些多糖類化學物質並非石斛生存的必需配備，它們被統稱為次生代謝物。石斛在抵抗逆境時產生的化合物，能幫助它渡過難關，無懼酷暑和嚴寒，這樣的生命力甚至在採下之後也依然頑強。

　　採下的石斛能放一年還不死，有時採下半年了還能開花。

　　石斛入藥的部位正是它生命力最強的莖。在中國古代，石斛被稱作“還魂草”。民間藥人視石斛為仙草，並將鐵皮石斛位列九大仙草之首。

石斛果莢和種子。

石斛的莖稈。

古代醫生並不清楚莖稈中含有什麼，他們憑經驗選用石斛的莖稈，用於治病養生。經過今天的科學研究，我們知道石斛莖稈中的多糖類物質具有提高免疫力等作用，是石斛藥性的主要來源。

在整個本草家族中，植物抵抗逆境產生的各種次生代謝物是大多數本草植物的秘密。它們或因環境的變化，或遇到動物的啃食，或遭到微生物的侵蝕，激發出這些自我保護的物質。它們是植物的秘密武器，被深藏在自己身體之內，而與植物熟識之後，這個秘密武器被人類發現，最終變成人類口中所說的藥。

石斛的珍貴自古就吸引了大批採藥人，因為採藥人的窮追不捨，野生石斛瀕臨滅絕。但在今天，他們成了保護野生石斛種源的帶路者，採藥人熟悉它們的習性，了解它們的生存環境，知道它們何時開花，又何時結果。他們利用原生態保護，讓石斛重返自然。

人類與本草植物的關係，從最初的掠奪逐漸走向共生，這給人們深入理解本草提供了一個嶄新的開始。

黃花蒿：
瘧疾的剋星

　　非洲東南部的馬達加斯加是一個美麗的島嶼國家。獨特的地理和氣候為這座小島帶來了鬱鬱蔥蔥的熱帶森林、種類繁多的奇異生物、縱橫交錯的河流水道。但在美麗之外，這裏也是細菌的天堂，為瘧疾的肆虐提供了溫床。

　　溫暖的氣候和受貧困限制的衛生水平是瘧疾肆虐的主要原因。瘧疾的病原體叫瘧原蟲，牠主要依靠蚊子傳播。而不乾淨的飲用水，更

黃花蒿：菊科，蒿屬。

馬達加斯加安巴拉沃縣農民開始種植黃花蒿。

助長了牠的氾濫。在這裏，任何人碰到這種病都可能是滅頂之災，因瘧疾而死的患者並不少見。

一種植物成了抵抗瘧疾的關鍵，它就是黃花蒿。

在馬達加斯加的安巴拉沃省瘧疾發病率很高。病發只是最後的結果，更多的是那些攜帶病菌而不自知的人。沒有發病的病原體攜帶者在不知不覺中加速了疫情的傳播。為了預防，這裏的醫生每週都會去村裏會診，有了醫生的介入，瘧疾的傳播得到了控制。

因為漸漸沒有病發，大部分村民對預防瘧疾這件事顯得有些茫然，但是，他們仍欣然接受醫生的檢測。孩子們的抵抗力相對更弱，成為重點監測對象。

今天，這裏的人們已經很容易就能得到青蒿素類藥物，而這一切都源於中國科研工作者第一次從黃花蒿中提煉出青蒿素。

據統計，全球每年有 50 多萬人死於瘧疾。2015 年，諾貝爾醫學獎組委會將這個世界醫學最高獎項授予青蒿素發現者屠呦呦，以嘉獎青蒿素對世界的貢獻。黃花蒿從傳統醫學而來，拯救了成千上萬人的生命，並為現代醫學重新注入生機。

中國對黃花蒿的研究到今天也沒有停止，科研人員不斷嘗試新的雜交品種以提高青蒿素的含量，這些新品種被馬達加斯加的製藥廠商引進。

科研人員正在開展進一步研究，嘗試擴大種植面積，這對當地農民來說同樣是一個好消息。以前農民們大多以種植水稻為生，現在因為黃花蒿的大量需求，更多的農民開始選擇種植黃花蒿。

在青蒿素的幫助下，人們漸漸逃離了瘧疾的魔爪，在非洲大地上，有無數人接受著黃花蒿帶來的幫助。黃花蒿原本只是一株平凡的野草，在人類認識進步之後，重新煥發光彩，使這片大地又一次轉危為安。

人類與本草相識已久，這些被稱為本草的植物，遠在人類出現之前就已經生長在地球上，因為藥用價值，它們的生存一直受到人類的干預，它們的命運也隨之起起落落。與植物共生將成為人類最後的道路，曾經的事例證明，當人類一次又一次面對疾病難題時，植物可以向人類提供某種解決的答案，未來的醫學需要它們。

綜觀浩瀚的植物王國，人類的認知才剛剛打開這個世界的一角，中國 30000 多種植物中，已知的本草有 10000 多種，它們為中國 60% 的藥物貢獻了超過 30 萬種天然化合物。它們與人類的情感牽絆已經綿延了數千年。這種掛念潛藏在我們每個人的內心深處，這是一種古老的安全感，是幾千年來流淌在血液中的依賴。

第九章

園林
之韻

植物與山、水和建築共同構建起了人類的第二自然 —— 園林。

如果沒有植物，園林就不能稱為真正的園林。植物是園林的情緒，是點睛之筆，是美的承載。

在中國，已被認知的植物有 35000 多種，這些植物中有 3000 多種成為園林植物。

這些植物的命運與中國人的命運聯繫在了一起，綿綿不絕，氣象萬千，成為中華文明的重要組成部分，也給世界園林帶來了深遠的影響，中國也被讚譽為"世界園林之母"。

荷花：
湖水的眼睛

大約 1 億 4 千萬年前，地球上遍佈沼澤，氣溫濕潤溫暖，在這一片水域中，荷花伸出了亭亭傘蓋。它們是地球上最早出現的開花植物之一，今天被人類稱為“活化石”。

當時的荷花家族有 12 個成員。一場冰期劫難後，僅有兩個幸運兒存活了下來，其中之一，就是今天人們熟悉的荷花。

荷花：蓮科，蓮屬。

億萬年的生存經驗，令它們演化出在惡劣環境中保存生命的方法。秘密，就藏在它們的種子裏。

　　一顆超過千歲的蓮子，它的表皮上一個個原本張開的氣孔因在地下埋藏了一千年後全部關閉了。堅硬的外殼中色澤分明的層狀組織隔絕開內外世界的一切接觸，它重大的任務是要保護住這個小小的胎兒，能量和養分被牢牢鎖在蓮子內部。任憑外面的世界發生了翻天覆地的變化，荷花的孩子也不必為自己的未來擔憂，在堅不可摧的保護層與穩定的內部環境中，它可以無憂無慮地睡上千年。

蓮子和蓮子內部結構。

一個花托最少會有十幾個柱頭。

蓮子在等待，等待一個合適的環境，等待一個破殼而出的時機。

當種子內的盔甲被打開，新鮮的水與空氣湧入，穿越了上千年的生命被喚醒了。新生的嫩葉太嬌小，還沒有足夠的力量站起來，它們只能浮在水上。好在水面上沒有太多的競爭對手與它爭奪陽光，它可以長得很快，不出兩個月，小小的綠色胚芽變成了一大片驚天蓮葉。

花苞在蓮葉間探出頭，準備繁衍新的生命。通常情況下，它有 3~5 天的時間來完成這項重要的使命。清晨，花瓣迎著陽光綻開，裏面的花托上是一個個等待的柱頭，這是生命繁衍的關鍵部位。微風和昆蟲帶走雄蕊上面的花粉，花粉落到柱頭上，完成受精。一個花托最少也會產生十個柱頭，荷花要孕育儘可能多的種子，

魚吃荷花。

它必須堅持到開放的最後一天。到了午間時分，花瓣緩緩收攏，將花托保護起來。在繁衍的過程中，荷花還要經受各種各樣的考驗，狂風、暴雨或者來自水中的突襲。留給它的時間不多了。

到了最後一天，它必須拚盡全力，完美地進行一次毫無保留的綻放。之後，花瓣將不再消耗養分和能量，花瓣從底部開始片片脫落。嫩黃色的花托上，十幾個柱頭全部變成了深色，繁衍的任務圓滿結束。

完成授粉的花托膨大起來，變成蓮蓬。

接下來，是全心全意的育兒時間，又一個生命的輪迴開始了。

蓮子慢慢成熟。偶爾，尚未發育出黑色硬殼的蓮子掉落在水塘

嫩黃色的花托。

完成授粉的花托膨大起來，變成了蓮蓬。

中，水和泥漿裏的養分給予它完美的生存條件。不需要盔甲的保護，新的生命也能在泥漿裏自然孕育，但這樣自然發芽的概率是有限的。

　　為新生命提供豐富營養的蓮子，也被中國人視為一種美食，人們開始大量養殖荷花。當人類識破了蓮子殼的秘密，荷花的產量就大大增加了。

　　正是在與荷花打交道的過程中，這株古老的植物打動了人們渴求的眼睛。中國人對荷花充滿敬意，因為它具有潔淨的美感，這來源於它表層的構造。

　　用顯微鏡觀察，荷葉的表面密佈一個個晶瑩的凸起。這些以納米為單位的小小乳突，就像一座座相連的小山峰，阻隔著水的滲入。當水滴落在荷葉上時，就會隨風滾落，順便帶走了葉面上細小的塵埃，確保葉面上的氣孔可以自由呼吸。花瓣上也附著著相同構造的角質層，保護著內部的繁殖器官。荷花對水和污染的拒絕是徹底的。在荷花身上，中國人寄託了對純潔人格的嚮往。

"出淤泥而不染"，出自宋代文人周敦頤著名的《愛蓮說》，但他不是第一個這樣形容荷花的人。在《愛蓮說》誕生的 1000 多年前，佛教傳入了中國。在佛教傳說中，西方淨土世界生滿蓮花，它們從淤泥中誕生，卻依舊純淨清潔，不染塵埃。

在佛教中，塵埃代表著世間的煩惱。藉由蓮花的特性，佛教希望打破人們對煩惱的執念，將心靈引向永恆的潔淨與統一。在佛教的誕生地，蓮同時指代睡蓮與荷花。當佛教在中國發展壯大後，這朵與中國人最親近的水生花朵，自然而然地成了潔淨的最佳代言。

一朵荷花，一個莊嚴世界。

大約 1500 年以前，東晉的慧遠法師，在廬山腳下的東林寺中，種下了荷花。

90 多歲的張行言老人，一輩子都在研究荷花。中華人民共和國成立初期，我國荷花種類只有 30 多個品種，他便去全國各地收集，最後通過雜交育種，使中國的荷花品種達到了 806 種。現在，中國可查到的荷花品種有上千種了。半個多世紀，傾盡一生的尋找和培育，在張老的手裏，在無數荷花研究者的手裏，這株從遠古走來

睡蓮。

的植物，正變換出前所未有的豐富和美麗。

中國人對荷花的喜愛，已經持續了 1500 多年。

作為在中國分佈地域最廣的花卉之一，荷花憑一己之力，在每一個炎熱的夏季，佔據了園林的中心。園林無水不靈，而水無荷則不成景。它被中國的造園家稱為"湖水的眼睛"。大江南北，凡有靜水的地方，便有荷花搖曳。

　　蘭花是中國文化中一個重要的精神符號，與文人群體息息相關。
它的葉片纖長，花朵纖小素淡，被稱為國蘭。

　　蘭科植物的種類多達 2 萬 ~3 萬，是地球上成員最多的植物科屬
之一。比起那些燦爛的遠房親戚，中國園林中的蘭花顯得極為內斂。
一方水土養育一方植物，一方植物養育一方人。中國的文人們，格

蘭花。

春蘭：蘭科，蘭屬。

外珍愛這片土地上孕育出的蘭花。即使不在花期，屋角廳堂、案頭書櫃，都要擺上一盆蘭。

　　一種外貌平凡的植物，是依靠什麼魅力在園林中牢牢佔據一席之地的呢？

　　在中國，蘭花本是山間常見的植物，漫山遍野，俯拾即是。它的棲息地，離人類並不遙遠。只是在山野間、叢林裏野生的幽蘭，卻不是人人都能看得見。不開花時，蘭花的長相低調而平凡，與周圍的雜草融為一體，不容易被發現。

　　潮濕幽深的闊葉森林，是蘭花生存了千萬年的老家。在這裏，遮天蔽日的喬木遮擋了陽光的直射，山泉水的流淌保證了濕度，微酸的土壤佈滿腐朽的枯木，它們成為各類真菌的天堂，當然也成為與真菌共生的蘭花的天堂。

蘭花的外貌並不出眾，但它開花時所散發的香味悠長，會吸引無意中路過的人。但是僅有香氣是不夠的，它在中國文化中的美麗意象與它生長的環境也密切相關。生在幽靜的森林空穀，蘭花卻不以無人而不芳。在中國文人看來，這是一種不向外界尋求認同的獨立精神，他們認為蘭花是一種修身養性的植物。

最晚在唐代，蘭花從幽深的空穀中被引入了庭院，離開了能讓它肆意生長的森林。蘭花被移植在花盆內，粗壯而又龐雜的根系失去了自由伸展的空間。為了能讓它存活，並且長葉開花，人們必須使出渾身解數來順應它的生長規律。

蘭花生長一段時間，根系上就會發育出新的枝條，枝條下再長出新的根系，這是植物的本能。但小小的花盆中容納不了這樣的生長，於是人們想出一個辦法——分株。分株是指人工方式分開蘭苗，如果分株不當，蘭花很容易感染病菌而死去。"植晶石、赤栗樹葉、草炭土……"人們模仿森林中的土壤環境，只為蘭花更好地在花盆中安家。蘭花最愛的是森林中潮濕、透氣、肥沃的腐殖土，那是大自然在新陳代謝運行下形成的饋贈。缺少了森林的幫助，人類只能想辦法去複製。

花盆，便成了蘭花的第二自然，成為一個微縮版的山野森林。

蘭花在人們近距離的端詳和刻畫中，躍上了更大的文化舞台。蘭花的葉子素靜、流暢、飄逸，充滿了中國古典藝術之美。

3000 多年前，"蘭"這個字首次出現在文字記載中，泛指所有芳香的草本植物。但當它引起文人們的共情，這個象徵著高雅和美好的字從此被特指給了蘭這位"花中君子"。中國人又將美文喻為"蘭章"，將友誼喻為"蘭交"，將良友喻為"蘭客"。

春秋末期，越王勾踐已在浙江紹興的諸山種蘭。魏晉以後，蘭花已用於點綴庭院。起初，古人以採集野生蘭花為主，而人工栽培蘭花由宮廷開始。直至唐代，蘭花的栽培發展到一般庭園。

在宋朝，以蘭花為題材的畫作開始出現。蘭葉淡雅極簡的幾何美感，恰好契合了當時人們的審美。宋朝是文人的時代，也是將植物的喜好上升到道德範疇的時代。蘭花並非是第一眼便令人驚豔的花朵，但它低調的外貌和悠長的香氣所形成的對比，卻征服了中國文人挑剔的內心。在蘭花身上，他們看到的是個人修為的最高理想：無論是否有人欣賞，都要保持獨立的精神和純潔的品格。南宋趙時庚所著《金漳蘭譜》，可以說是中國保留至今最早的一部研究蘭花的著作，也是世界上第一部蘭花專著，其中甚至論及蘭花的品位。

明、清兩代，蘭藝再度進入昌盛時期。隨著蘭花品種的不斷增加，栽培經驗的日益豐富，蘭花逐漸成為大眾觀賞之物。

梅花：枯榮相對的藝術之美

人類與植物的相遇，有著各種不同的契機。

食用功能是人對植物最原始的需求，人與梅樹，就是因其果實而結緣。

在至少 7000 年前，中國人就開始食用梅子，他們將梅子當作一種酸味調味品來進行烹飪，其作用相當於今天的醋。

如今，人們將梅子和酒浸泡，製成美味的梅子酒。一棵梅樹，既能給一家人提供食物和美的享受，也能帶來如期而至的喜悅。滿足了人的溫飽需求後，這株植物是如何完成從食材到觀賞的轉身的呢？人們對此已無從考證，不過根據記載，最遲在漢代，皇家的庭苑中已有梅樹栽種，但那只是梅嶄露頭角的時期。

在美學文化抵達巔峰的宋朝，西湖一位詩人，寫下了詠梅名句："疏影橫斜水清淺，暗香浮動月黃昏。"這位詩人終身未娶，隱居在西子湖畔種植梅花，有人說，他將梅花當作了妻子。今天，在詩人林和靖長眠的地方，他的平生摯愛——梅花，已經在這裏靜靜地陪伴了他近千年。

受到林和靖的影響，越來越多的詩人、文人，對梅花投入了情感。

梅樹：薔薇科，杏屬。

梅花。

但要讓梅花真正走入更廣大的群體，還要提到中國歷史上的一個重大事件。

　　靖康之變，這是中國歷史上的一個苦難期。1127 年，宋朝天子遭南下的金軍俘虜，被強行剝奪了統治權。從此北宋結束，南宋開啟。淒風苦雨中，遷徙到南方的宋朝人，開始了反思和吶喊。這個民族迫切需要找到一個象徵，為國家的重建尋找精神的寄託，他們將目光投向了梅。

　　漫長的冬季即將結束，冰雪尚未融化，梅花卻已經做好了準備。寒冷不能阻擋它的腳步，能刺激它開花的氣溫，比大多數植物需求的都要低。當百花還在沉睡，迫不及待的梅花已在寒冷中甦醒。

　　民族命運的寒冬裏，人們看到象徵著堅韌的花朵在綻放。

　　梅，成了“凌霜傲雪”的梅。

　　范成大在《梅圃》中說：“學圃之士，必先種梅。”梅，最遲於宋代，進入了中國的私人園林。在園林中種植梅花，也成為一種不屈的精神宣告。藉由龐大的文人階層，梅花的風骨得到推崇，它完成了一次文化的躍升，人們對梅的喜愛擴散到了更多的角落。

　　很快，人們發現了它另一項堅韌的特質。

　　和大多喬木一樣，梅樹樹皮承擔了輸送養分的功能，只要樹皮完好，即便樹心已空，也能不斷地運送水與養分。但自然對梅樹更加嚴苛，它們的樹幹相對容易遭到蟲蟻的啃咬，或容易被潮濕的空氣腐蝕。樹齡 100 年以上的梅，大多數逃不過空心的命運。空心老梅，古木新枝。這引起了人類的崇拜，也激發了一項極端藝術的創造。

　　在蘇州光福村，一些只有十幾年樹齡的青少年梅樹本來正處於它們最好的青春時期，但它們卻注定等不到自然變老、變成空心古樹的那一天。它們的命運將被人類改寫。

劈梅，是蘇州人發明的梅樁盆景，就是將選中的梅樹砍去上半部分，留下一個梅樁，從中間劈成兩半，再將花梅枝條嫁接於上。用人的力量，將古木發新枝的自然奇觀，復刻於方寸之間。

對被選中的青少年梅樹來說，這無異於一場災難。整個過程它是活著的，梅樁依然有能力去傳遞生命的力量，稚嫩的梅枝來自 1~2 歲的小花梅。

春末夏初，是嫁接梅枝的季節，這是一年中梅樹生命力最強的時刻。但此刻，它的生命依舊被掌握在匠人的雙手中。植物的嫁接，如同一場大型的器官移植手術。整套移花接木的工序必須在幾分鐘內完成，創口在空氣中暴露的時間越短，水分流失得越少，新生命的成活率才會越高。小樹枝條被移植到大樹的母體，幼小與成熟完成了一次生命的對接。接下來，是它們進行融合與修復的時間，它們必須憑藉自己的力量來重生。

負責輸送養分的梅樁和負責吸收陽光的梅枝實現了一次合作，順利的情況下，在第二年的春天，它們便會以新的姿態綻放出美麗的花朵。

蘇州園林是劈梅最大的舞台。一段枯木上開出星星點點的梅花，劈梅所營造的，是枯榮相對的藝術之美。或許，自然的輪迴和生命的頑強，就是劈梅盆景的審美源頭，它促使人們在方寸之間，來讚美這種向死而生的堅韌。

中國人鍾情早開的花朵，也迷戀不死的枯枝。這個歷史上飽受苦難的民族，將自身的命運和一株喬木聯繫在了一起。堅韌、頑強和勇氣，不僅是中國文化對梅花寫下的註腳，也是中國人對自身的定義。

蘇州人發明的劈梅，營造的是枯榮相對
的藝術之美。

菊花：
我花開後
百花殺

　　秋天，群芳競豔的季節已經過去，園林裏的大部分植物，正準備進入冬季的休眠。秋日的園林舞台，即將迎來新的主角。

　　姍姍來遲的菊花，吸引了人們的目光。大約在 2000 年前，菊花出現在中國的庭園中。究竟是什麼魅力，讓這株草本植物在中國的園林中長開不敗呢？

　　人類與菊花第一次相遇的時間已無從考證，但可以確定，最早種植菊花的是中國人。最初，它是季節的指示，指導著農業的耕作，是秋天的象徵。而當它來到皇家的園林，它獲得了更加尊貴的地位。

　　據文獻記載，自明代起，北海公園就是專為皇家養育菊花的地方。如今，這裏有個極負盛名的"菊花班"，養菊手藝傳承自舊時宮廷。今天，第四代手藝傳人劉展帶領一批年輕人，只養殖菊花這一種植物。

　　他們保留下來的許多古老品種，就是幾個世紀以前，在這座皇家園林中綻放的菊花。皇家喜愛菊花，一開始，是因為它最常見的一種顏色。《周禮》中載："后服鞠衣，其色黃也。"金黃色，先是作為皇后服裝的選擇，後來成為皇家的專屬。

　　在中國的農耕文明中，黃色代表土地。因此，在皇家園林裏，菊

菊花。

花象徵著國家社稷。而在日本，這株來自中國的花卉，成了日本皇室的專屬標誌。在這裏，天皇被視為"天照大神"——太陽神的子孫。而菊花的形狀，就像一顆放射著光芒的太陽。今天，它也成了日本的國徽。

　　燦爛的金黃色是菊花最原始的顏色，但黃色不是菊花唯一的選擇。今天人們在園林中觀賞的菊花，是經過不停雜交後誕生的物種。生長在山野間的那些黃色小花，皇家園林的菊花中那富貴的金黃色中相當多的基因來自一種纖小的花朵，它們是菊花的遠房親戚——一種菊科菊屬的野生植物。

在中國，有 17 種野生的菊屬植物，它們通過風或昆蟲等多種形式，完成了複雜而廣泛的自然雜交。它們是菊花原始的父親和母親，賦予了菊花變幻莫測的個性。而當人類介入了這一過程，菊花的品種數量，得到了幾何倍數爆發式的增長。人們今天看到的菊花，它們的

山野間的黃色小花，菊科，菊屬。

基因，已經經過了一代代的選擇和重組。

為了得到一個全新的品種，人們在秋天為新品種挑選好父本和母本，然後進行人工雜交。收穫的種子種下後，還需要一整年的等待和守候，才能看到這場遊戲的結果。不過，這一切的付出都是值得的。菊花從來不讓人類失望。無論人們栽培水平的高與低，到了秋天，它準會開花。

菊花複雜多變的基因，激起人類無限的想象力和創造慾。在這株植物面前，人是完完全全的創造者，人們喜愛新鮮的本性得到了滿足。而菊花，藉助人的力量，也壯大了自己的族群，成為中國園林中最重要的一種花卉，成功地征服了更廣闊的舞台。

今天，菊花的品種數量之多，變異形態之豐富，為世界栽培植物之最。在世界鮮切花市場上，它是四大主要花卉之一。

全球的菊花品種有 2 萬~3 萬種，這個數字，還在年年增長。

它從秋季的田埂邊，進入高雅的宮廷和文人的庭院，又憑藉變化的力量，走向大眾，走向世界。

6 世紀，中國的菊花傳入日本；18 世紀，一個法國人將它帶去了歐洲；19 世紀，羅伯特·福瓊從中國帶回了更豐富的菊花品種，令這種庭園之花在歐洲的花園大放異彩。

形態豐富的菊花。

在今天的世界花園裏，中國植物的身影越來越多。

在一兩百年的時間裏，來自世界各地狂熱的植物追隨者，不遠萬里，不惜代價，尋找並帶走中國植物，這些植物在世界各地落葉生根。英國植物學家歐內斯特・威爾遜將中國比作"世界園林之母"，他曾寫下："我們的花園深深受惠於中國所提供的植物。"

走向世界的不僅是植物本身，中國人的造園思想，也隨著植物的傳播，以不同的方式影響了世界的園林。

在歐洲，數個世紀以來，人們將花園視作對自然的征服。

前往古老東方的探險家們，帶回了這樣一個信息：在中國，花園之美是一種對自然風光若即若離的模仿，因此，花園中植物的形態也更接近自然。

受到這股東方思潮的啟蒙，18 世紀，英國的花園率先掙脫了秩序的桎梏，將植物從規則的形狀中解放出來。英國風景式園林誕生了，它迅速席捲了歐美，並成為現代公園的雛形。

在日本，對園林的理解，對植物的塑造，也不可避免地受到中國的影響。

自 7 世紀起，從中國傳入的植物和詩文，使日本開啟了在庭院中

英國，比多福花園。

栽樹賞花的風氣。

在植物中尋找藝術價值的同時，日本人也不斷更新著他們的庭園，其中一個首要的特徵，便是模仿中國的江南園林。

位於東京市中心的小石川後樂園，用來自中國的竹子、梅花、荷花等植物，配上湖山亭台，構建了一座洋溢著“中國趣味”的日本庭園。它也被日本人稱為“小西湖”。西湖是日本庭園中一種特殊的靈感來源，在這個國家，保存著多個模仿西湖景致所建的園林。

在中國，被世界所憧憬的西湖，植物與人的和諧共生，已經持續了 1000 多年。

這座古老的大型公共園林，坐落於杭州這個繁華都市的中心，它是開放而遊動的城市山林，湖光山色之間，植物描繪出了另一種自然。

這裏是 3000 多種植物的家園，它們共同組成了西湖豐富的景觀空間。文人園林、寺廟園林、皇家園林，以及各種形態的現代園林，在這裏既互相呼應，又互不干擾，植物講述著它們各自的故事。

從唐代第一次治理以來，西湖經歷了 8 個朝代的更迭，12 個世紀的時光流逝。代代新生的植物，面臨過危機，見證過歷史，也承載著璀璨的文化。這裏，曾啟發了中國歷史上無數的藝術創作，數不勝數的詩詞名句誕生於這裏的植物。

日本東京，小石川後樂園。

杭州西湖。

曉出淨慈寺送林子方

宋·楊萬里

畢竟西湖六月中，風光不與四時同。
接天蓮葉無窮碧，映日荷花別樣紅。

山園小梅·其一

宋·林逋

眾芳搖落獨暄妍，佔盡風情向小園。
疏影橫斜水清淺，暗香浮動月黃昏。
霜禽欲下先偷眼，粉蝶如知合斷魂。
幸有微吟可相狎，不須檀板共金樽。

錢塘湖春行

唐·白居易

孤山寺北賈亭西，水面初平雲腳低。
幾處早鶯爭暖樹，誰家新燕啄春泥。
亂花漸欲迷人眼，淺草才能沒馬蹄。
最愛湖東行不足，綠楊陰裏白沙堤。

　　詩人們是幸運的，他們在這裏遇見了荷花，遇見了梅花，遇見了楊柳，遇見了楓樹；而植物們也是幸運的，它們在這裏遇見了白居易、蘇東坡、林和靖、楊萬里、柳永……植物與詩歌,與藝術,在這裏生生不息,共同繁盛。

生活在這片山水間的人也是幸運的,植物之美啟迪了璀璨的文化,而這些珍貴的精神遺產,將世世代代滋養中國人。

今天,當人們漫步西湖或者任何一座中國的園林,看到的一棵樹、一朵花,也許都承載著一種使命。它們會培育人的性格,撫慰人的心靈,提升民族的審美,塑造文明的形態。

園林是植物的天堂,是藝術的搖籃,是人類文明發展史上的結晶與坐標。

今天,"園林"這個詞彙,不再單獨指向一片具體的土地。它象徵著一種詩意的空間,帶領著人們重新回到萬物所在的自然之中。

過去的幾千年裏,有數千種園林植物從中國 35000 多種已知的植物中脫穎而出,來到人類的家園,與人類互相塑造,彼此成就。未來,或許還將有新的植物進入園林,再一次豐富人類的第二自然。

第十章

花卉
之美

花，是開花植物生命中一個短暫的環節，卻是後面所有發生一切的關鍵一步。先有花，才會有包含種子的果實，而種子，也代表了下一代。

在中國已知的 35000 多種植物中，有將近 30000 種開花，在這其中，因為花開而被人關注，並被栽種的植物超過 1500 種。在植物眼中，花是繁衍的器官；在昆蟲眼中，花是食物的來源；在人類眼中，花是慾望的象徵。花，撩動人們的審美、傳遞人們的情感、點亮人們的視野，也融入了各種美的想象。

大
樹
杜
鵑
：
森
林
的
頂
層
物
種

　　大樹杜鵑是翹首杜鵑的一個變種，比普通杜鵑高大，在不斷地進
化中超越了自身的極限，在競爭激烈的森林中佔有一席之地，成為眾
多科學家眼中的傳奇。通常來說，八九米高的杜鵑樹已很少見，而高

大樹杜鵑：杜鵑花科，杜鵑屬。

大樹杜鵑的蒴果，裏面裝滿了
大樹杜鵑的種子。

黎貢山的大樹杜鵑卻遠遠超過了這樣的高度，可達 25 米以上，已然躋身於森林頂層。在這片物種密集、競爭激烈的叢林，大樹杜鵑創造了杜鵑花高度的紀錄，成為森林頂層樹種，吸引著眾多科學家對它的關注。

在競爭激烈的森林中，即使是一抔土壤，其間的生物數量也是極其驚人的。大樹杜鵑在這樣茂密的叢林中盡情舒展枝丫，以抓取更多陽光，這是它數百年掙扎和堅持後贏得的特權。幾百年的時光中，大樹杜鵑究竟經歷了什麼，才從眾多競爭者中脫穎而出？至今，這個生命的奇跡，仍吸引著眾多科學家對它的關注。

大樹杜鵑所結的蒴果，蒴果裏的種子已經踏上了旅程，去尋找適合它們繁衍生息的家園。大樹杜鵑的種子若是落在附近的荒草裏，是沒法發芽的，只有偶然落到競爭不是很激烈的地方，它才能發芽。叢林生存環境複雜，初來乍到的大樹杜鵑的種子們，面對的世界並不友好。

從大樹杜鵑的幼年開始，它就要面臨著各種各樣的災難。幼年時

大樹杜鵑的小苗。

期的它，葉片鮮嫩甜美，正是獵食者們難得的盤中餐，有幸逃過蟲子的蠶食還不夠，它們需要獲取更多的能量。誰能抓取足夠多的陽光，誰就能讓自己的軀幹更健壯。這是一個強者越強，弱者越弱的地方。正在成長的大樹杜鵑樹苗身高如果被同伴超越，從頭頂射進來的太陽光會越來越稀少，自己平時也只能吃一些殘羹剩飯，如果不迅速長大，其結果將是自己越來越虛弱，慢慢在陰暗中枯萎，腐爛，或最終化為同伴們的肥料。

青年期的大樹杜鵑。

青年期的大樹杜鵑，已是萬裏挑一的佼佼者。但它們距離成熟、開花，還有 20 多米的距離，或者說還需要上百年的堅持，它才能躋身於森林的頂層。想要瓜分叢林上方的空間，還需要一些運氣。不知需要等待多久，才會因為老樹的倒下而露出一道窗口。而大多數樹苗，也會在蔭蔽的空間中逐漸枯萎，只有那些搶先佔據窗口的幸存者，才有可能堅持到最後。

高黎貢山的這片大樹杜鵑，能夠打破杜鵑樹生長的高度極限躋身於森林的高層，正是不斷地競爭與博弈的結果，是植物生存慾望的體現，也是千百萬年來生物演化的物證。

大樹杜鵑將迎來一年中最重要的時刻，之前所有的積累、掙扎和博弈都是為了此時。大樹杜鵑要開花了！在人類眼中，這是它最美的時刻。但是對於大樹杜鵑來說，這是它最緊張的時刻，因為只有完成授粉，完成繁衍的任務，花才算完成了它的使命，才讓它的傳奇得以傳承。

花朵裏已經準備好香甜的花蜜，是大樹杜鵑為傳粉者準備的獎賞。大樹杜鵑通常是在春節前後開花，這時氣溫偏低，並不容易見到蜜蜂、蝴蝶、飛蛾等傳粉媒介的身影。那麼，盛開在 25 米高的花朵究竟為誰而開？歷經劫難的大樹杜鵑，仍然在等待。

一種叫作麗色奇鶥的鳥兒，在享受大樹杜鵑香甜花蜜的同時，牠脖子上的羽毛會帶走一部分花粉。隨著牠對不同花朵的造訪，可以幫助大樹杜鵑實現它的夢想，完成授粉，各取所需。它們相遇雖短暫，卻結緣一生。

從一粒不及芝麻大的種子到參天大樹，上百年的堅持才有了今天大樹杜鵑的傳奇。即使身處莽莽大山的深處，這樣的傳奇也終於因為

大樹杜鵑開花。

麗色奇鶥在大樹杜鵑花朵間吸食花蜜。

人類的到來而被世界所認知。

　　始建於 1670 年的愛丁堡植物園，是英國第二古老的植物園，也是收集中國植物最多的植物園之一。尤其是杜鵑花科植物，其中絕大多數來自中國。而這一切，都離不開一位植物獵人畢生的投入。

　　100 多年前，英國植物學家、探險家喬治·福雷斯特（George Forrest）在中國雲南進行了 7 次考察，採集了 30000 多份植物標本，僅杜鵑就收集了 400 多種。他最大的收穫當屬在高黎貢山發現了一種非常獨特的杜鵑。

　　這一天看起來只是平常的一天。喬治·福雷斯特帶著一支考察隊伍在茂密的原始森林中跋山涉水，喬治突然發現遠處有一棵奇特的大樹：大樹有將近十層樓高，挺立的枝頭上頂著成簇的橢圓形葉片，十幾枝巨大的漏斗形花朵聚集在一起，呈薔薇色，在綠葉的簇擁下，顯得格外豔麗。

　　它就是大樹杜鵑。在當時已知的數百種杜鵑中，從未有過如此巨大的種類！欣喜若狂的福雷斯特無法帶走它，但是為了向世人證明他見過這麼大體量的杜鵑種類，於是僱來山民將這棵罕見的大樹砍倒，並將樹幹鋸成圓盤運走。時至今日，這塊從 "杜鵑花王" 身上取下的巨大圓盤仍陳列在大英博物館內。目前，在愛丁堡皇家植物園的檔案館內，也有這樣一塊標本。

　　福雷斯特在日記中這樣寫道：通過標本，我還是偏愛大樹杜鵑的叫法，因為這才是最適合它的名字，它真的很大……

　　福雷斯特的發現成為轟動全世界的新聞，然而在福雷斯特之後，再也沒有人見過這種神奇的植物。

直到半個多世紀後，中國植物學家重新開始了尋找大樹杜鵑的旅程。最終，更多的大樹杜鵑在高黎貢山被發現。

　　從 19 世紀中後期開始，中國大量的杜鵑花被引入西方，因其鮮亮的顏色備受青睞，它們改變了歐洲園林植物的栽培格局，於是，當地也有了"無杜鵑，不成園"的說法。

　　雖然花不是為了人類而開，但當人類認識到花為了綻放而付出的努力後，生命與生命之間的距離就開始拉近了，花與人的命運也就開始交織在一起⋯⋯

大樹杜鵑樹幹斷面切片標本。

海拔 4900 米，11 月的白馬雪山，呼嘯的是風聲，滾動的是碎石，幾乎所有的植物都進入了休眠。當你爬上山，你會發現在這些岩石之上，生長著一些非常特殊的高山花卉，綠絨蒿就是其中最常見的一種。

綠絨蒿，還有一個名字叫喜馬拉雅藍罌粟。西方很多人為它魂牽夢縈，一說到綠絨蒿，歐美植物學家總是對中國西部充滿神往。

我國的喜馬拉雅——橫斷山區，是世界上綠絨蒿分佈最集中的地區。對於中國人來說，綠絨蒿是大自然贈予我們的特殊禮物。遺憾的是，我們對綠絨蒿卻知之甚少。

綠絨蒿有一個特點，就是在這種極端的環境下，生長得非常慢。綠絨蒿可以在雪線附近綻放，被稱為 "離天堂最近的花"。自從被介紹給世界後，不知有多少人不顧生命危險，只是為了接近它、了解它。

100 多年前，植物獵人威爾遜在中國西南發現了紅花綠絨蒿，在他的描述中，"紅色情侶" 在灌叢中綻放，等待他的到來……

根據現代分子生物學的研究結果，綠絨蒿屬是青藏高原地區特有的植物。絕大多數種類的綠絨蒿分佈在中國。

紅花綠絨蒿：罌粟科，綠絨蒿屬。

全緣葉綠絨蒿。

長葉綠絨蒿。

秀麗綠絨蒿。

寬葉綠絨蒿。

年復一年，綠絨蒿家族的精靈們就在這裏繁衍生息，從出生的那一刻起，就直面高原給它們的一切，不管是陽光還是風雪，不管是豐沃還是貧瘠。

　　數億年來，山體的演化不斷地進行著，一塊一塊的岩石組成的斜坡被稱為流石灘，這裏可稱為生命禁區。流石灘的結構很不穩定，滑動坍塌時的強大力量讓植物們隨時處於危險之中。同時，高海拔強烈的溫度變化、常年強烈的紫外線照射以及季風帶來的頻繁雨霧，共同塑造了這裏的生命景象。

流石灘的石縫成為綠絨蒿的棲息地之一。

人們無法想象綠絨蒿的種子如何在這樣貧瘠的土壤中萌發，但從它們幼嫩的小苗可以判斷，它們只有將根深深扎入土壤，才能獲得有限的營養。土壤，是大部分植物賴以生存的基本條件之一，然而在流石灘上，這樣的基本需求並不容易滿足。

在這裏，一年中的霜凍期長達 8~10 個月，綠絨蒿想要在這裏完成畢生的使命，是一件充滿挑戰的事情。除了流石灘的滑坡、寒冷和紫外線帶來的傷害外，如果還能避免其他生物的踩踏和傷害，那麼綠絨蒿的小苗也許能度過一個安穩的童年。從萌發到開花，綠絨蒿最長需要 10 年以上的積累和等待，只為一生中可能只有一次的花開。

在長出花苞前，這株小苗面臨的困難是能否挺過生命中那些寂寞和等待。而那些已經長出花苞的綠絨蒿，需要去等待一個最適合綻放的時間。

當生存環境進入全年最冷的時期，任何不穩定的因素，都可能對

長出花苞的綠絨蒿。

嬌弱的綠絨蒿造成傷害。多數綠絨蒿一生只開一次花，即使積累足夠，也不會輕易開放。畢竟流石灘上氣候變化太過頻繁，每朵花的開放都是孤注一擲。

面對高原氣候的無常，這裏的每一種植物都需要有保護自己的方式。

在這裏，低著頭的綠絨蒿並不少見。對於它們來說，這是一種守護的姿態，所以即使是迫於風雨，它們也心甘情願。保護好花粉只是第一步，接下來，它們還需要想辦法把花粉傳播出去。

很多綠絨蒿並不生產花蜜，也不散發香味，但它們有自己的方式吸引傳粉昆蟲的到來。綠絨蒿花朵內部的溫度通常高於外界，在寒冷的高原區域，花朵提供了庇護所，也就成為很多傳粉昆蟲的嚮往。

同時，這些昆蟲也就成為綠絨蒿花粉粒最忠實的搬運工。在頂端授過粉的花朵並不急於凋謝，它們會盡量延長綻放的時間，希望能為後來開放的花朵，吸引更多昆蟲的注意，幫助整個植株完成授粉。其實綠絨蒿已無力關注花瓣的去留，它們有更重要的事需要投入。

完成授粉的綠絨蒿，花瓣和雄蕊失去了原有的顏色，唯有中間綠色的被絨刺保衛的子房，顯得生機勃勃，它開始孕育新的生命了。直到種子們成熟，離開母親懷抱的時候，綠絨蒿才真正地走完了一生。

綠絨蒿能夠適應高原的嚴苛環境，但在人類的花園中定居，卻並不是一件容易的事情，目前人工栽培的綠絨蒿大多在專業機構的苗圃中。

不管是科學家的尋找與試驗，還是植物育種者的探索與堅守，人類不顧艱險去接近這種植物的生命，甚至去複製植物原產地的各種條件進行研究，就是希望把這種美留在身邊。

低著頭的綠絨蒿，是對花粉心甘情願的守護。

在寒冷的高原區域，花朵內部為昆蟲提供了庇護所。

　　花卉吸引了人類的視線，也牽扯了人類社會發展與變遷的軌跡。在為認知這些神奇的植物而付出努力後，人類也收穫了科學的發展。

　　人與花在荒野中相遇，在科學中相知，伴隨人類的足跡，越來越多的植物因為花朵的豔麗而被改變了命運。

雅魯藏布江的兩岸溫暖潮濕，棲息著一種植物的野生種群，它們是中國人最喜歡的花卉之一，是牡丹的近親，也是少有的具有黃色基因的野生牡丹，它們就是大花黃牡丹。

大多數時候，牡丹的種子熟了，會就近跌落，可以享受母樹的遮風擋雨。然而，這也恰恰限制了它們的未來。讓昆蟲們飽餐一頓往往是它們最終的歸宿。但這種損失，牡丹還能夠承受，它可以選擇消耗更多的能量，生產更多的種子，去爭取更大的生存概率。終究會有一些順利躲過蠶食的種子，可以期待輪迴的開始。

大花黃牡丹的種群就這樣繁衍生息著，在大自然的法則中，它們一粒種子一粒種子地向外拓展著種群的生存範圍。不知道經歷了多久，時至今日，它們最大的生長區域的直徑依然沒有超過 200 米，直到人類的到來。

人工栽培牡丹的樣態與野生牡丹不同，形態上有巨大的差異，它們更加符合今天人類的審美，花形碩大，花瓣繁複，顏色豔麗。人工培育的牡丹不需要考慮過大的花朵消耗太多的養分，可以在人類的照料下，恣意綻放。

牡丹文化的起源，距今已有至少 2400 多年，最早在《詩經》

中國，雅魯藏布江。

中，牡丹往往被作為愛情的信物而提及。除了用來觀賞，牡丹還有著極高的藥用價值。秦漢時期，牡丹被記入《神農本草經》，從此進入藥物學。

而到了南北朝，北齊畫家楊子華畫牡丹，牡丹又進入藝術領域。

史書記載，隋煬帝在洛陽建西苑，詔天下進奇石花卉，其中就有進獻牡丹的，此後牡丹被種植於西苑，由此進入園藝學的範疇。

關於牡丹的詩作大量湧現，出現在唐代。從李白的"雲想衣裳花想容，春風拂檻露華濃"，到劉禹錫的"唯有牡丹真國色，花開時節動京城"，層出不窮，傳為千古絕唱。到了宋代，牡丹甚至進入專著，歐陽修就寫過《洛陽牡丹記》。總之，牡丹文化的構成非常廣泛，幾乎涵蓋了所有文化領域。

毫不誇張地說，牡丹文化就是中華文化機體的一個細胞，透過它，便可洞察中華民族的一些脈絡。

唐朝中國經濟發達，社會穩定，在引種洛陽牡丹的基礎上，長安的牡丹也得到了飛速的發展，甚至出現了專門種植牡丹的花師。長安之外，洛陽牡丹的種植也得到了迅猛發展，其規模絲毫不亞於長安。

牡丹被引入日本，也是自唐代開始。日本遣唐使回國後，將牡丹作為藥用植物栽培，最初被種植在寺廟，後來擴散到民間。經過後期對牡丹進行的培植與改良，提高了其觀賞價值。

歐洲人發現牡丹，是通過中國瓷器和刺繡上的圖案。牡丹真正出現在歐洲，要到 18 世紀。在後來長期的培育中，歐洲有了自己的牡丹品種，最著名的有"伊麗莎白女王"、"公爵夫人"等。

花卉生存的邊界因為人類的喜好而被拓展，人類的世界因為花卉的綻放而繽紛多彩。中國超過 1500 種的觀賞花卉都是這樣而走進了人類的生活，並且還在不斷深入著。

大花黃牡丹：芍藥科，芍藥屬。

人工栽培的牡丹。

月季：以花止戰的和平使者

18 世紀，中國的月季搭乘貨船抵達歐洲，由此改變了歐洲花園的樣貌。

中國月季多次開花的屬性，絢爛的色彩以及香甜的氣味在歐洲引起了培育月季的狂熱情緒。

月季在歐洲，與科學革命、資本主義、商業經濟相遇，成就了它改變世界的契機。花成為商品，形成了龐大的產業，花的自然屬性也越來越多地被人類的商業需求重新定義。

傳粉昆蟲和人類的視覺系統並不一樣，比如蜜蜂對紅色並不敏感，所以很多時候，同一朵在人眼和蜜蜂眼中將形成兩種不一樣的形態。比如一些花朵表面有特殊圖案，這些特殊圖案人眼看不到，但是蜜蜂可以，也正是這些特殊圖案，像機場指示牌一樣，告訴蜜蜂花蜜的藏身之處，吸引蜜蜂的 "降落"。所以作為植物生殖繁衍的器官，花朵其實最關心自己在傳粉昆蟲眼中的顏色。沒有色彩前，植物更多依靠自己完成繁衍生息的歷程。色彩的出現，讓植物的生存策略有了極大的改變，尤其是人被花的色彩吸引之後。人對顏色的識別度與蜜蜂不同，人眼中的花朵更加色彩絢麗。

當人類的需求成為首要條件後，花卉的顏色被賦予了新的意義。

人的慾望和創造力讓花卉走得更遠，人類可以依照自己的喜好對花的顏色、形狀、香味等屬性進行調整。在很多時候，花讓人們覺得自己掌握了生命的奧秘，可以決定植物的命運。但其實，植物還有很多本能的反應是人們無法完成改變的。

在中國，每 10 枝月季裏就有 8 枝出自雲南。這裏的月季以百萬的數量單位被進行買賣。這些鮮花經過拍賣交易，銷往世界各地。臨近人類一些特定的重要節日，市場對花卉的需求就會大增，能夠在合適時間綻放的月季將改變很多人的生活。然而，一些無法預測的因素，比如一次降溫、一場大雪，則讓所有的植物、所有的人都猝不及防。

月季對極端氣候變化的反應，通常是長出一些泛紅的葉子。如果是在營養積累的階段，這是一件好事，但是此時，對於花農卻是不願

月季。

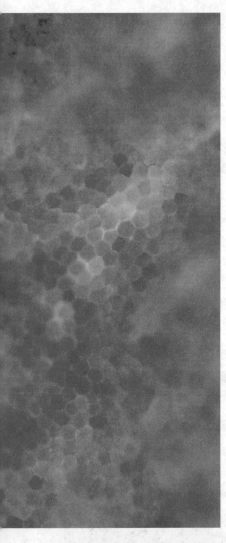

月季花瓣，光學顯微鏡 ×20。

看到的情況。當氣溫突然變冷，月季需要長出新的葉片來合成更多的能量，抵禦低溫帶來的傷害，而不是消耗能量去開花，這是它無法被人類改變的求生的本能。即使是在人類溫室中的月季，不需要它傳粉，不需要它結果，它依然無法抗拒生命最頑固的本能——生存和繁衍。

一切不符合植物生命本能的人類安排，都可能引來植物的反抗。即使人類想盡辦法來提供最好的生存條件，很多時候，月季還是更相信自己的選擇。為了在低溫環境中保護自己，很多月季沒能在人類期許的時間內開花。

沒有受到冰凍襲擊的月季按時開放，這在物以稀為貴的人類社會，人們對花的價格就多了一些憧憬。在市場上，花的一切生命體徵都被量化，成為影響交易價格的決定因素。那些因為人類喜好而篩選出來的不同的品種與樣式，也造成了它們價格的高低差異。

花的自然屬性與人類的創造力，共同造就了人類的花卉市場，即使是代表花的生存抗爭經歷而留下來的癥痕也被量化，成為人們衡量價格的標準。它們在屏幕上顯示，被人類接收、識別、判斷，化成手部的一個動作。

　　帶有不同標籤的花卉，將被送往人類的手裏。花的生老病死等自然的屬性和反應，都讓人類為之癡狂，不管是歷史上的某一瞬間，還是此時此刻。

　　原產中國的月季，至今已有 2000 多年的栽培歷史。相傳，在神農時代，人們就把野月季採回家栽植。到了漢代，大量栽培月季進入宮廷花園，唐代時更為普遍。

　　《本草綱目》中有關於月季藥用的記載，但中國記載栽培月季最早的文獻是明代王象晉的《二如亭群芳譜》。據記載，當時月季早已成為隨處可見的觀賞花卉。明末清初，月季的栽培品種大大增加，清代陳淏子所著《花鏡》，更記錄了栽培繁殖月季的主要原則。

　　據《花卉鑒賞詞典》記載，18 世紀，中國月季經印度傳入歐洲。時值英、法兩國交戰，為保證這批月季能安全地抵達法國，交戰雙方竟達成暫時停戰協定，由英國海軍護送月季到拿破崙妻子約瑟芬手中。中國月季由此改變了歐洲的花園。在歐洲園藝家手中，中國月季和歐洲薔薇進行了雜交培育，產生了全新體系。

　　1945 年 4 月 29 日，在美國太平洋月季協會舉辦的展覽會上，將月季的一個了不起的新品種命名為 "和平"，並舉辦了命名儀式。

　　歐美各國現今栽培月季的水平已經很高超了，但這些栽培月季都是歐洲薔薇與中國月季長期雜交選育而成的品種，因此，中國月季被稱為世界月季之母。

蜀葵：以「醫治」為名的絲路之花

　　端午花、一丈紅、麻杆花、大紅花、棋盤花、栽秧花、斗篷花、戎葵⋯⋯

　　這種被中國不同地域的人用不同的名字來稱呼的植物，它的學名是蜀葵，原產於四川在內的中國西南地區。

　　在眾多產自中國的植物花卉中，蜀葵是最早被引種到西方的中國花卉之一。自從古老的絲綢之路開啟後，蜀葵作為“一帶一路”的見證者，又被譽為“絲路之花”，它比中國的菊花、牡丹、茶花、月季、杜鵑等花卉傳入西方的時間早了兩三個世紀。

　　15世紀，人類自身的遷徙尚且艱難，蜀葵何以能成功跨越山河大海，綻放在陌生的土地上並最終穿越時空，留給後人尋找的線索呢？

　　是誰記錄了這種花的傳播呢？答案就在藝術作品中。

　　早在大概古羅馬時期，人們就開始種植並觀賞蜀葵，因為古羅馬時期的壁畫中已經出現了蜀葵。早期的歐洲藝術作品中，更是屢屢見到蜀葵的身影。蜀葵的美是跨越地域、種族、宗教和文明的，花不僅被認為是美麗的化身，更是被人類賦予了太多的情感。

　　蜀葵的傳統寓意主要有兩個：一個是與蜀葵較大的尺寸及盎然挺

蜀葵：

錦葵科，蜀葵屬。

蜀葵作為"一帶一路"的見證者，又被譽為"絲
路之花"。

立的姿態相聯繫的高貴；另一個則是救贖。因為早在古代，人們就了解到蜀葵及其他錦葵科植物具有極高的藥用價值。甚至蜀葵之名就來自希臘語中的"醫治"一詞。蜀葵無法完成信仰上救贖人類的任務，但人類看到了它與救贖相關的特性。這一刻，那朵為了蜜蜂盛開的蜀葵，與人類的信仰產生了共鳴。

蜀葵是一種生命力極強的植物，它不需要人類的培育就可以存活生長。時至今日，蜀葵已成為世界範圍內分佈最廣泛的花卉之一。它的適應能力和藥用價值共同成就了這一結果。

蜀葵的美麗令它享受了長久的榮耀。在中國花鳥畫中，花色豔麗的蜀葵一直都是歷代畫家筆下的主題，從南宋的毛益到清代的王武，再到近現代的齊白石、徐悲鴻等畫家，都創作過大量有關蜀葵的作品。在國外，蜀葵也出現在了凡·高、提香、莫奈等藝術家的畫布上。蜀葵已經不單是自然的產物，更是人類創造力的呈現。

作為開花植物慾望象徵的器官，花，不斷開放，不斷凋謝。為了留住與花相遇的美好，人類的創造力也因此而迸發。

最初，花的美麗讓人駐足，讓人想帶其回家，放在身邊點綴生活。從最初的簡易插放到復原自然，再到更多創造性的表達，花成為人類行為、藝術、規則的源起。它們的顏色、形狀、味道以及使用價值，都開始關聯到人類的內心：祈禱或懺悔，憧憬或回憶，喜悅或遺憾。

在中國大地上，棲息著超過 35000 種植物，它們成就了中華文明，也豐富了世界文明的色彩，學會與它們相處，就是對未來最好的期許。